大景观视野下的城市规划及景观设计实践

URBAN PLANNING AND LANDSCAPE DESIGN PRACTICE FROM A LARGE SCALE LANDSCAPE PERSPECTIVE

褚俊民　田恬　张璐　王杨　等　著

天津大学出版社
TIANJIN UNIVERSITY PRESS

图书在版编目（CIP）数据

大景观视野下的城市规划及景观设计实践 / 褚俊民等著. -- 天津 : 天津大学出版社, 2024. 11. -- ISBN 978-7-5618-7845-3

Ⅰ. TU206

中国国家版本馆 CIP 数据核字第 2024E3A280 号

DA JINGGUAN SHIYE XIA DE CHENGSHI GUIHUA
JI JINGGUAN SHEJI SHIJIAN

出版发行　天津大学出版社
地　　址　天津市卫津路 92 号天津大学内（邮编：300072）
电　　话　发行部 022-27403647
网　　址　www.tjupress.com.cn
印　　刷　北京华联印刷有限公司
经　　销　全国各地新华书店
开　　本　889mm × 1194mm 1/20
印　　张　$15\frac{2}{5}$
字　　数　481 千
版　　次　2024 年 11 月第 1 版
印　　次　2024 年 11 月第 1 次
定　　价　168.00 元

编委会

大景观视野下的城市规划及景观设计思考

褚俊民（文）、田恬

两幅图画

城市在自然中、自然在城市里

六年法国

读书、旅行

学徒、做事

学而思、思而学

毕业设计和毕业论文的选题，对未来工作的展望

十三年愿景

大景观视野下的城市规划及景观设计实践

褚俊民

2002 年，本科毕业于天津大学建筑学院城市规划专业。

2004—2010 年，留学法国，先后在法国格勒诺布尔第二大学城市规划学院和凡尔赛国立高等景观学院获得城市规划类硕士文凭和高等景观学习证书、景观设计研究类硕士文凭。

2010—2023 年，就职于天津市城市规划设计研究总院有限公司（简称“天津规划院”）的子公司天津愿景城市开发与设计策划有限公司（简称“愿景公司”），后任公司总规划师。

田恬

2003 年，本科毕业于天津大学建筑学院艺术设计专业。

2004—2010 年，留学法国，在法国凡尔赛国立高等景观学院获得法国国家认证景观设计师文凭。

2010—2023 年，就职于天津规划院的子公司愿景公司，后任公司总景观设计师。

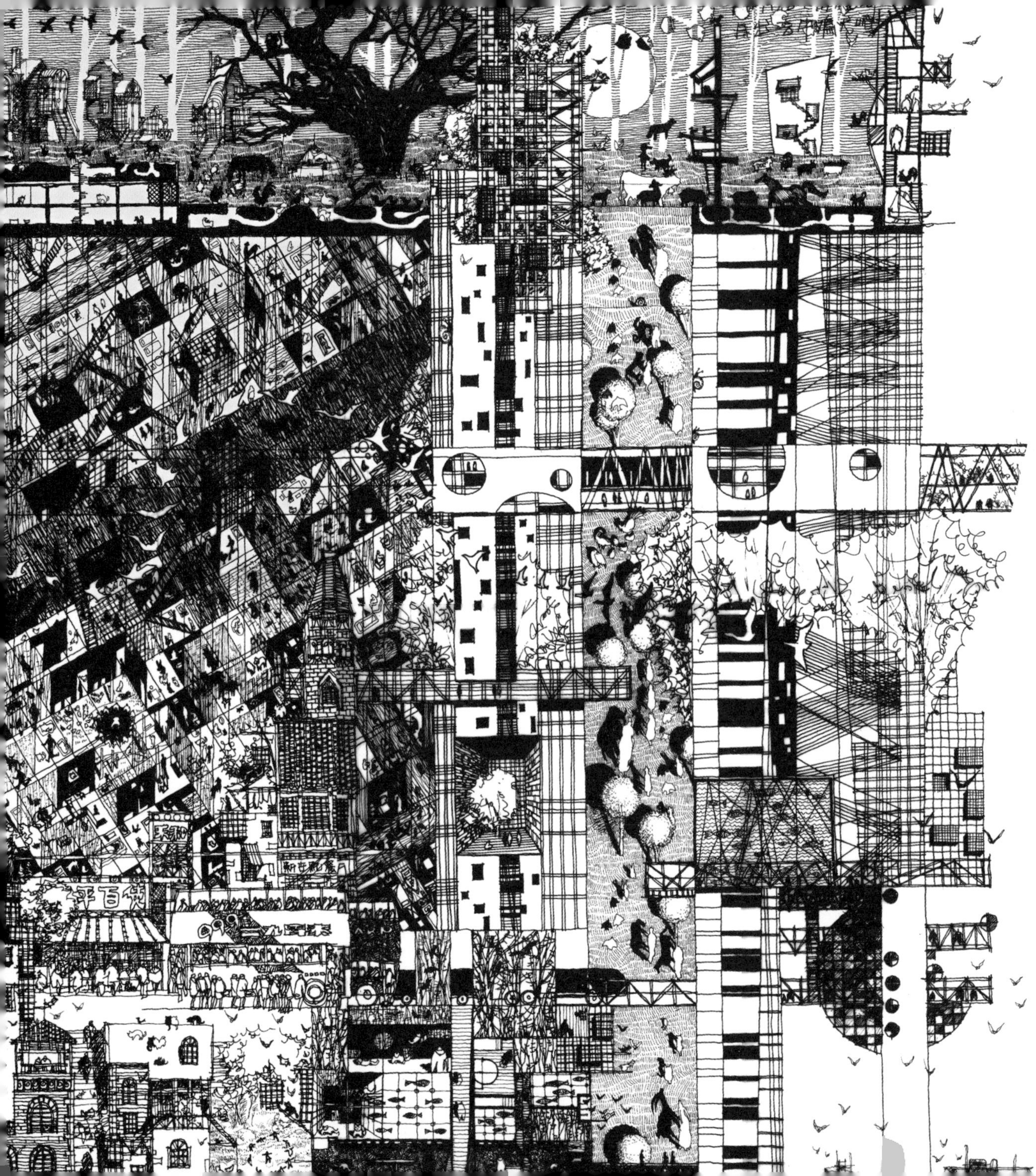
平百货

两幅图画

城市在自然中、自然在城市里

2002 年，在天津大学建筑学院读书期间，作为一个即将毕业的城市规划专业的学生和一个一年后毕业的艺术设计专业的学生，我和田恬合作绘制了两幅黑白线条图画，表达了对未来城市的畅想——城市在自然中、自然在城市里。之所以选择这样的主题，是因为在我们读书期间，中国正处于快速城市化进程的初期，我们已经跟着老师做了不少实践项目，结合所学所做所思，用两幅图画表达了对城市与自然的关系懵懂的思考。

在毕业之前，我们定了一个目标，毕业后去法国继续学习深造。在两年的准备期内，我们进行了语言学习和工作实践。项目多、规划设计师少是当时的行业状况，肯干、干得好，就有机会参与比较多的项目，且能有比较高的收入。

2002 年到 2004 年期间，作为自由职业规划设计师，我们参与了很多项目的规划设计，以大型居住小区的方案设计为主，参与项目的设计图纸能编纂成厚厚的一部作品集。但是不久之后在法国的城市规划学习让我们意识到，中国的城市化进程好像也遇到了法国的“光辉 30 年”城市化进程所遇到的问题，且中国的城市化规模更大、速度更快。

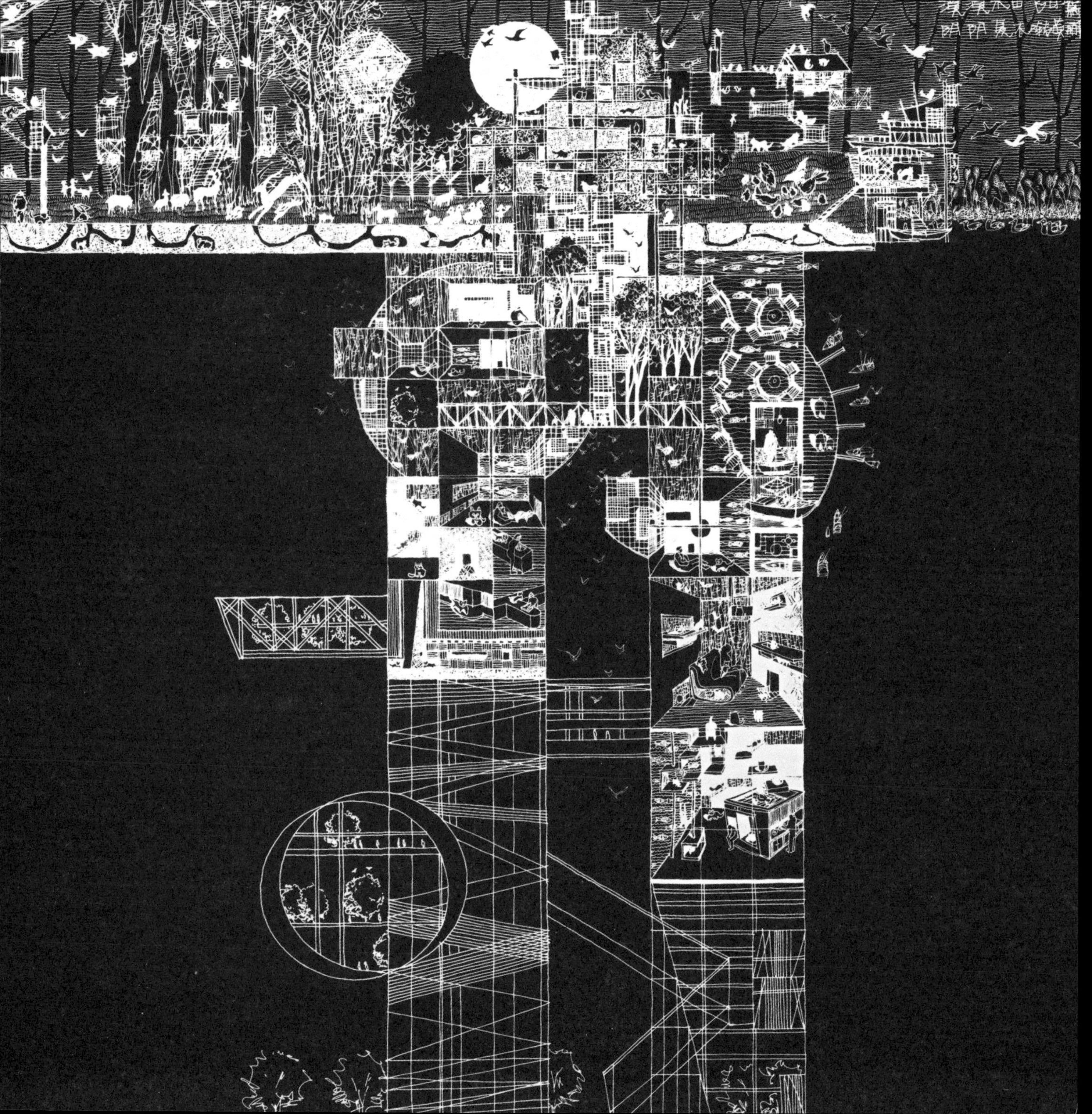

六年法国

2004 年 9 月到 2010 年 10 月，我们在法国读书 6 年期间的经历可以归纳为 8 个字：“读书、旅行、学徒、做事”。

6 年时间，在学校纯读书的时间有 4 年左右，结合节假日游学的时间有 9 个月左右，实习和工作的时间加起来有 15 个月左右。

读书、旅行

我们去法国读书的目标很明确，那就是去凡尔赛国立高等景观学院学习景观设计。在一年的语言学习以及一年的准备（在格勒诺布尔建筑学院）后，田恬经过多轮层层选拔的考试，顺利被凡尔赛国立高等景观学院 (École Nationale Supérieure de Paysage de Versailles) 录取 ,4 年后获得了 DPLG（法国国家认证景观设计师）文凭，是当时为数不多的获此文凭的中国人。

作为一个城市规划专业的学生，我先在格勒诺布尔第二大学城市规划学院完成了城市规划专业硕士的学习，然后在凡尔赛国立高等景观学院读书 3 年，获得了高等景观学习证书和景观设计研究类硕士文凭。

旅行，对设计师来说也是一种学习提升的方式。在法国学习期间，利用假期和双休日，我们经常有计划地在欧洲不同的地区旅行，了解自然风景、乡村聚落、文化遗产、城市街区、历史建筑、设计艺术等。这段游学的经历对我们理解城市、解读景观、提升认知的帮助非常大。

田恬在法国读书期间的景观手绘图纸

学徒、做事

城市规划师、景观设计师，可以说也是匠人，开始的项目实践都需要师傅带。天津大学建筑学院特别重视学生基本功的训练，年级高一些的学生有机会跟着老师做项目实践。我当时跟着洪再生老师、陈天老师做过不少项目，在洪再生老师负责的天津大学建筑设计规划研究总院有限公司实习过挺长一段时间。当时经师兄介绍，我们认识了天津规划院厦门分院黄晶涛院长，之后的 20 年我们一直跟着黄院长做项目，他对我们来说亦师亦友。

在法国读书期间的暑期，我们都会回天津，在黄晶涛院长创办的愿景公司工作两个来月。当时正值天津城市化进程的鼎盛时期，我们参与了小城镇建设、新城规划、产业园区规划、填海造陆等规划设计。“大干 150 天”“5 加 2、白加黑”是规划设计师的工作常态。暑期实习结束，我们回到法国继续学习，法国城市化的经验和教训对当时快速发展的中国城市有何启示，是那段时间我们思考最多的问题。

第二次世界大战结束后，法国进入了重建和振兴的发展阶段。1945 年至 1975 年这 30 年的时间被称为“光辉 30 年”。这是法国历史上发展最快的一个时期，城市化率由 1945 年的 53.2% 升至 1975 年的 72.9%。此阶段，为了在最短的时间内建造更多的住宅，一种受现代主义规划思潮影响的大型居住区模式（Les grands ensembles）被大规模推行，其形式有别于传统的街区模式，类似于中国快速扩展的小区模式。虽然大型居住区的建设使得城市住房的数量和质量都获得了提升，但其在空间规划上的问题也逐渐显现。中国现今大规模建设大型居住小区是否会出现法国在“光辉 30 年”期间大型居住区建设所产生的问题，是我在法国学习城市规划期间经常思考的一个问题，后来成为我毕业论文的选题。为了更好地了解法国城市化的经验与教训，我的导师 Magalie Laurencin（玛嘉丽 · 洛朗桑）推荐我去了 Philippe Panerai（菲利普 · 沛纳海）的规划设计事务所实习，菲利普 · 沛纳海是城市设计理论与实践方面的大家，他的著作和城市更新实践对我的启发很大。

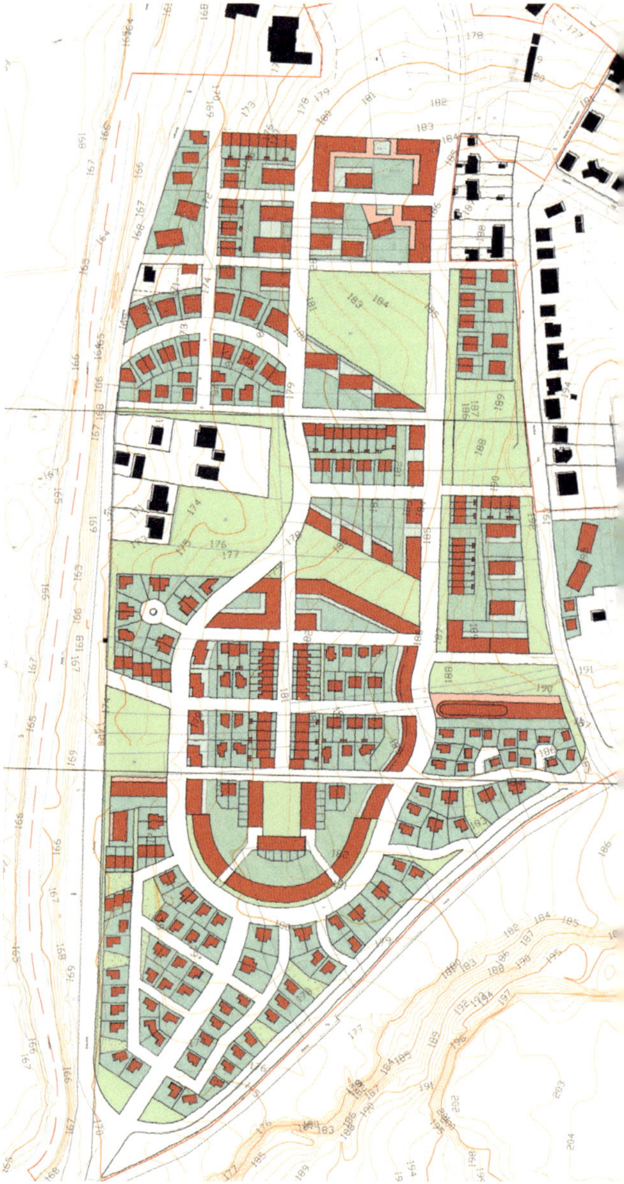

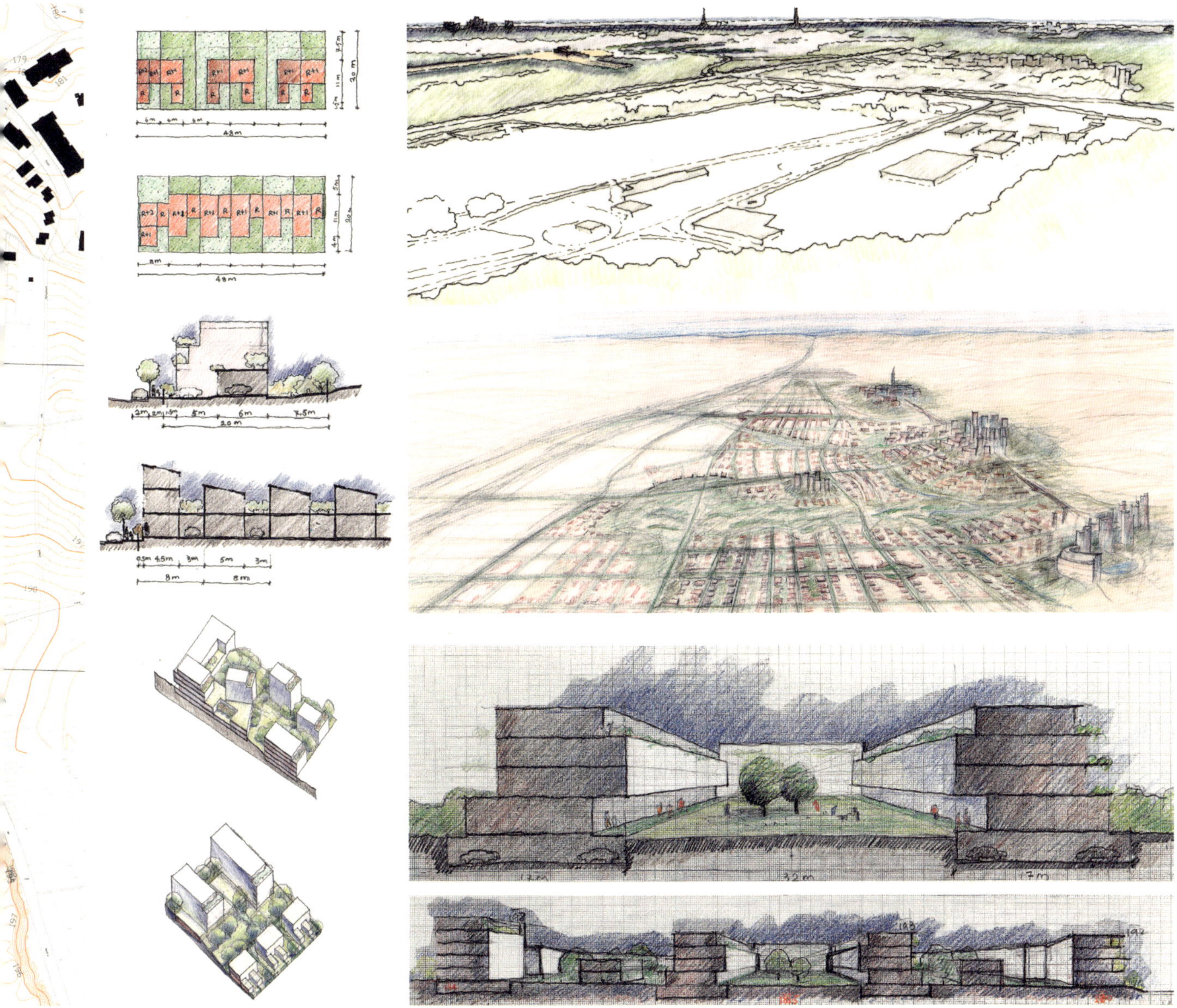

褚俊民在菲利普·沛纳海的规划设计事务所实习期间绘制的图纸

我们今天对城市规划、景观设计的认知及工作方法的形成，在法国凡尔赛国立高等景观学院的那段学习经历的影响是最大的。2006 年至 2010 年，我们先后进入凡尔赛国立高等景观学院进行景观设计的系统性学习。

当时国内很大一部分景观设计师是从建筑学背景下的环境艺术设计专业毕业的。彼时景观设计师是一个新兴的职业，主要职责是给规划师或者建筑师设计留白的空间，这和当时快速城市化的背景有关。现在看来，在那个时代，景观设计师做的大多是环境设计师的工作。

然而在凡尔赛国立高等景观学院，景观 (Paysage) 和园艺 (Jardin) 是两个概念，对应的也是两个专业。当时老师和学生经常探讨的两个话题，一个是“景观”的定义，另一个是景观设计的空间尺度以及景观设计师在大型城市规划项目或国土空间规划项目中所扮演的角色。我想之所以有这样的差别，肯定和城市化以及社会的发展背景有关。凡尔赛国立高等景观学院成立于法国快速城市化“光辉 30 年”的初期 1945 年，到 2006 年前后，法国早已进入后城市化时代。像巴黎这样的大都市，从 20 世纪六七十年代开始就加强区域生态协同，以应对城市蔓延式扩张带来的生态环境问题。大区域的国土空间规划开始将规划的注意力从土地空间的开发利用转向自然环境和遗产的保护，将空间划分为城市化空间、农业空间和自然空间。规划的主要目标强调保护农村和自然区域的必要性，保护环境逐渐成为一个更重要的主题。作为法国培养景观设计师的摇篮，凡尔赛国立高等景观学院景观设计专业的教学体系就是在这样的背景下应运而生的。

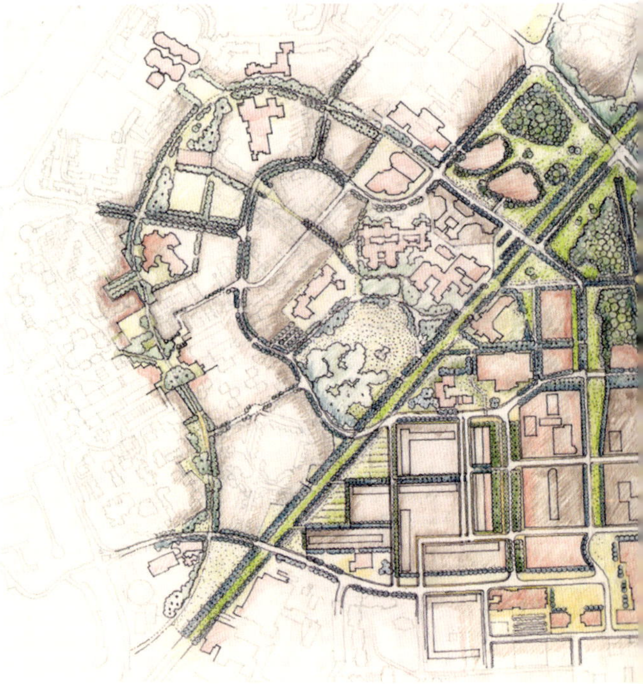

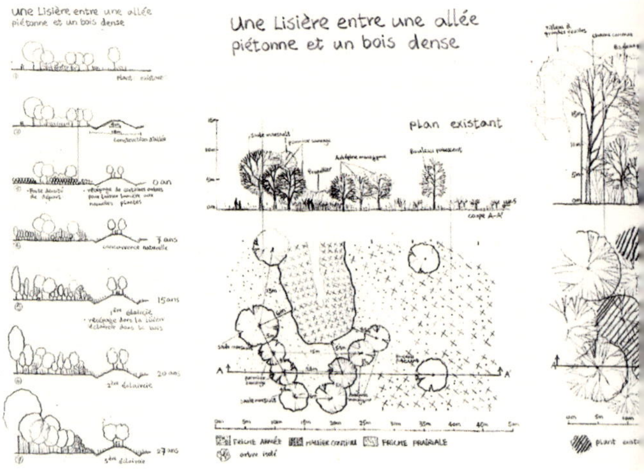

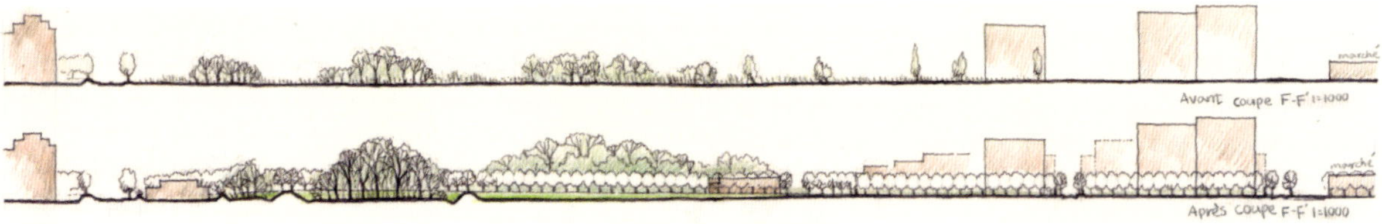

褚俊民在法国读书期间的景观手绘图纸

【注重生态学的大景观教学体系】

凡尔赛国立高等景观学院的课程设置以项目制设计课为核心，有生态科学、人文科学、造型艺术、工程技术等课程，多学科交叉融合教学，关注场地的内在机遇、地表地形、水文、植被以及场地与历史的对话等无形的关系，通过理解“地方感”来发展景观设计师的思维。

课程设计开展了景观领域从宏观到微观、从城市到乡村等不同语境下的景观探索，尤其侧重对当代景观问题的探索，例如郊区扩张、乡村地区土地转型、村落古迹保护与发展以及农业与生态空间改造等领域。

我在读三年级时有一项课程，是对“Canton”（法国的州，类似于地区）尺度的景观进行分析解读并提出相应的景观策略，小团队合作，持续大半年。当时，我加入了田恬和两个法国同学的团队，研究的是法国布列塔尼地区的一个片区。我们通过水文、地理、人与自然的互动关系去解读地域乡土景观的成因，以及城市化和现代农业发展对区域景观生态系统的影响。

涉及地理学、自然风景学、植物学、生态学的生态科学课以及大尺度景观系统的分析解读对我们的启发很大。景观设计师应以敏锐的洞察力将现代景观设计思想渗透到城市规划、古迹保护和生态环境改造等领域，从而结束景观设计的园林时代，使其向生态时代发展。现代景观设计在吸收了园林设计的精华和生态学理论后，用生态技术对景观进行不同尺度的演绎，在现代城市规划中得到了青睐，这是西方景观设计师在城市规划和生活环境改造中承担主要角色的原因。

【产教结合，一线景观设计师执教】

众多法国一线风景园林师都从凡尔赛国立高等景观学院毕业或在此任教，其中不乏大师级人物，如 Michel Corajoud（米歇尔·高哈汝）、Gilles Clément（吉勒斯·克莱门特）、Jaques Simon（雅克·西蒙）、Gilles Vexlard（吉勒斯·韦克斯拉德）等。学院根据选题安排具有相关丰富经验的导师，几乎所有的导师都拥有自己的设计事务所，几年下来我们接触了很多位活跃在景观界的设计师。

在后城市化时代，法国的建筑或景观规划设计事务所都小而精，尤其是景观设计事务所。在凡尔赛国立高等景观学院读书期间，我的导师 Karin Helms（卡琳·赫尔姆斯）推荐我去 TER（岱禾）景观规划设计事务所实习了不到半年的时间。它是一个 20 个人左右的合伙人制设计事务所，除了法国，也在全球很多地方参与重要项目的投标，后来在中国也做得风生水起，中标以及建成了不少重要的项目。当下，中国也逐步进入了后城市化时代，景观规划设计行业下行。设计师与设计企业如何生存下去、如何获得好的发展机会，法国的经验还是值得学习的。

法国布列塔尼地区的大景观研究草图【Bourgès Jean-Marie（布尔热 · 琼 – 玛丽）、Passarieu Florence（帕萨里厄 · 弗洛伦丝）、田恬、褚俊民】

法国布列塔尼地区的大景观研究分析图（Bourgès Jean-Marie、Passarieu Florence、田恬、褚俊民）

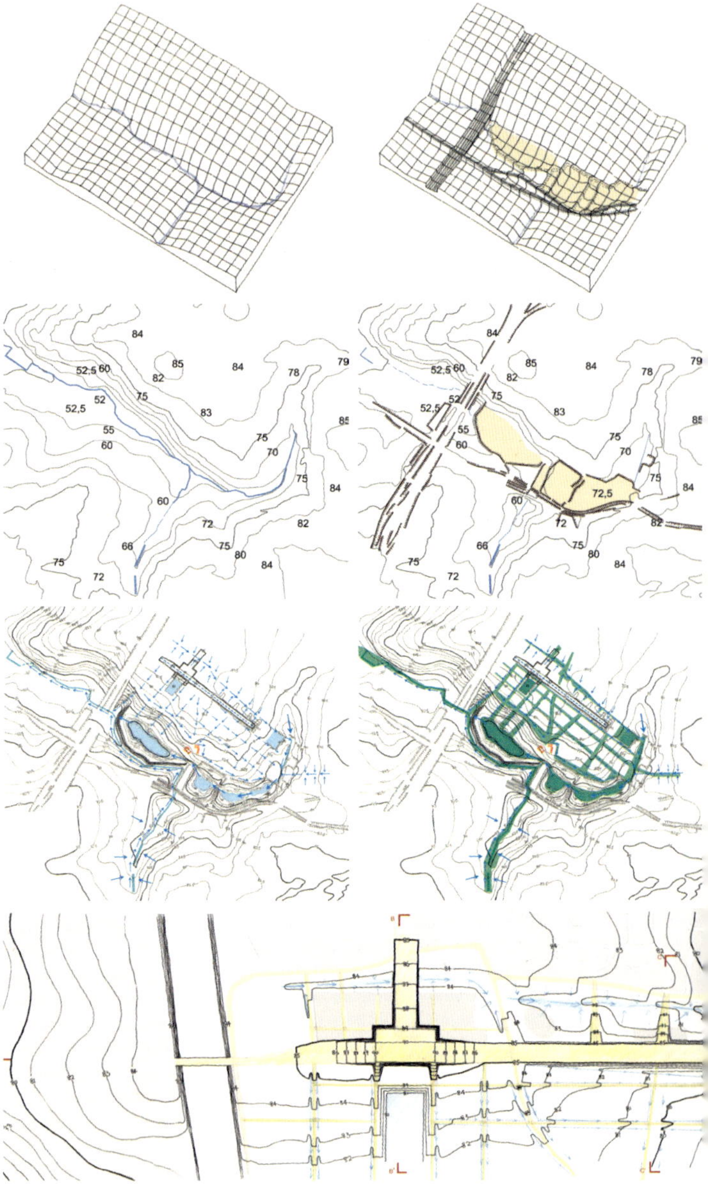
84
52,5 60
85
84
78
79
82
52
75
52,5
83
55
85
60
75
70
75
84
60
72
82
66
75
80
84
75
72
84
52,5 60
85
84
78
79
82
52
75
52,5
83
55
85
60
75
70
75
72,5
84
60
72
82
66
75
80
84
75
72

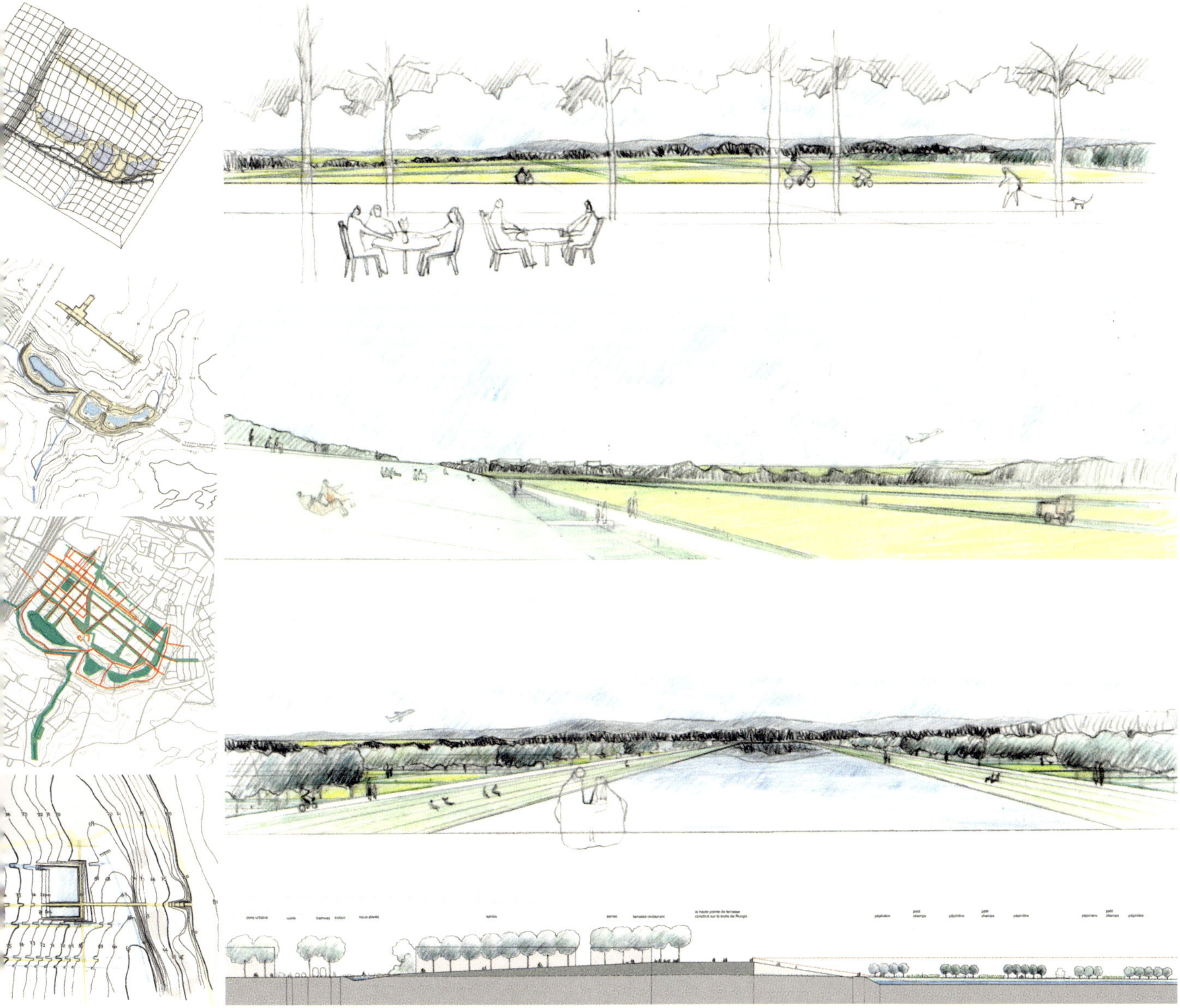

褚俊民在法国读书期间的景观手绘图纸

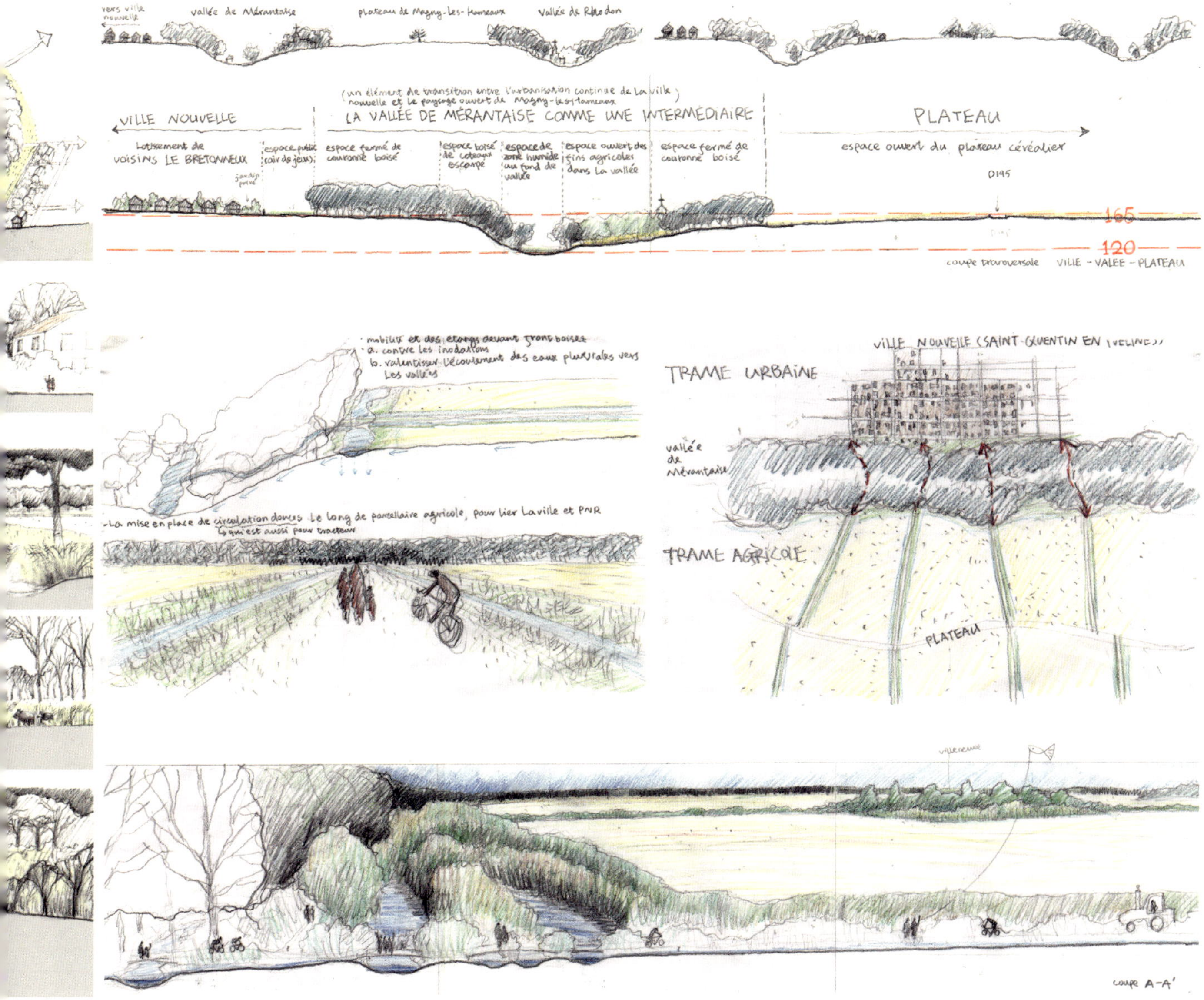

褚俊民在法国读书期间的景观手绘图纸

学而思、思而学

前面也讲到，在法国读书期间，我们一直在法国的读书实习与国内的工作实践之间切换。每年结束暑期国内的工作实践后，我们都带着问题回到法国学习，学习一段时间后又带着问题回到国内实践。在这个学思相长的过程中，我们逐步形成了自己对城市、景观的认知以及分析、解决规划设计问题的方法。

每年暑期在愿景公司工作期间，我们都深刻感受到城市扩张带来的日益加剧的生态环境问题以及近郊农业、生态空间的侵占问题。2008 年，我们被一张天津中心城区及滨海新区的在编规划拼合图所震惊，在“双城双港、相向拓展”规划思路的指引下，两个区域已蔓延拼接在一起。在以城市开发为主导的规划蓝图里，可以清晰地看到展现城市功能分区的色块以及连接不同功能分区的市政交通设施，而自然生态空间、农业空间却变成了留白空间。维系区域生态安全格局的生态系统以及农田生态空间并没有体现，“九河下梢，水乡泽国”的津沽大地的水网系统以及“七十二沽花共水，一般风味小江南”的津沽风貌如何在规划中体现呢？

2009 年拍摄的天津城市化进程照片（褚俊民）

津市城市蓝网系统（田恬）

天津“双城双港、相向拓展”肌理分析

在法国的学习经历告诉我们，这种发展模式和标准化的建造方式在一定程度上忽视了与地域的大景观生态系统相融合，必然会导致城市风貌同质化以及生态环境出现一些问题。天津的生态环境问题也反映了传统规划的局限，即通常以行政区范围作为规划编制范围，缺乏区域协同，导致同一流域的上下游、左右岸等常常被人为割裂，没有从流域整体生态系统平衡的角度进行考虑。

在中国，快速的城市化进程也就是近30年的事，然而由农业空间、自然空间、乡村聚落空间共同构建的地域大景观系统展现了人与自然相互作用的过程，它适应自然环境，是时间的见证，是人类无数次与自然灾害进行斗争的结果，是朴素的生态经验。

设计如何才能结合自然？首先要了解自然、解读自然，然后才能探索设计结合自然的方法。结合在凡尔赛国立高等景观学院的学习经验，我和田恬开始系统性地通过田野调查和史料研究分析解读维护区域生态安全、展现天津地域特色风貌的大景观系统。这些工作启发了我们后续的毕业设计和毕业论文的选题，也为后来的工作方法的形成打下了基础。

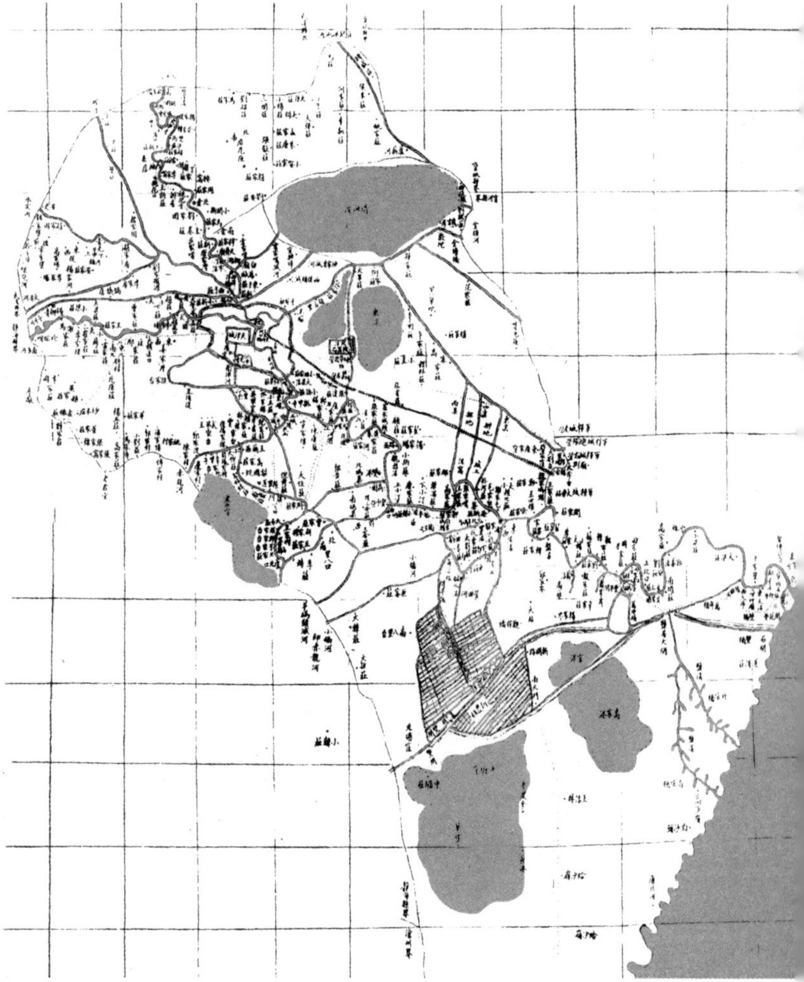

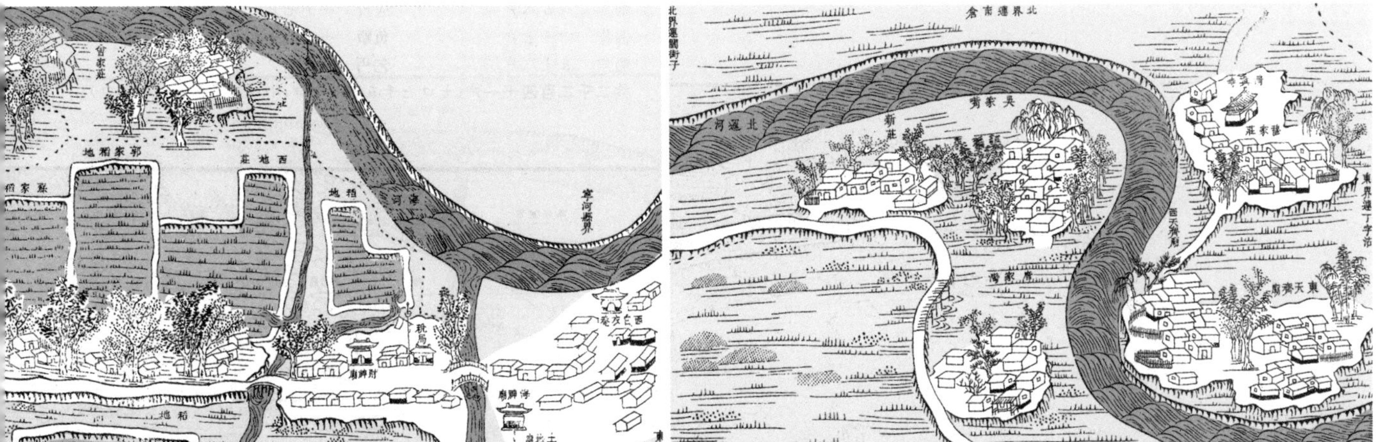
郭家稻地
西地莊
稻地
北運河
稻田
老磚窑
海河

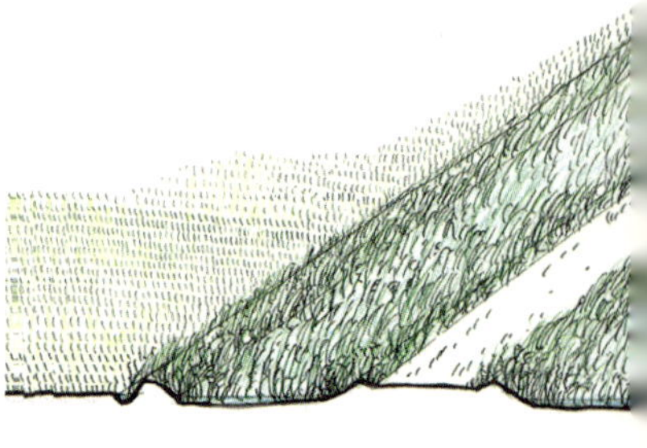

2008 年在愿景公司工作期间，我们绘制了天津滨海黄港生活区的规划图纸，初次尝试大景观视野下的城市规划设计方法，试图将场地的渠网结构、堤路系统融入城市结构，提出了“双棋盘”的规划结构。

天津滨海黄港生活区的规划图纸

毕业设计和毕业论文的选题，对未来工作的展望

我在凡尔赛国立高等景观学院获得的最后一个文凭是景观设计理论和方法方向的研究类硕士 TDPP（Théories et Démarches du Projet de Paysage），需要完成一个研究型毕业论文。我的选题是：**农业生态空间的功能性解读，是国土空间规划层面设计结合农业生态空间的一种规划设计方法，以天津为例**。田恬的法国国家认证景观设计师（DPLG）毕业设计的选题对象也在天津，是津滨双城之间城市化与生态农业空间冲突较大的一片区域，题目为：**景观作为区域更新的启动机，以天津海河中游为例**。

我们之所以选择这样的毕业论文和毕业设计的选题，一方面是对应用既往学习的知识的尝试与阶段性总结，另一方面是去探索大景观视野下城市与农业、自然生态空间融合发展的规划设计方法。选题也算是不忘初心，回答了我们在天津大学建筑学院读书期间合作完成的两幅图画所表达的对城市与自然的关系懵懂的思考。

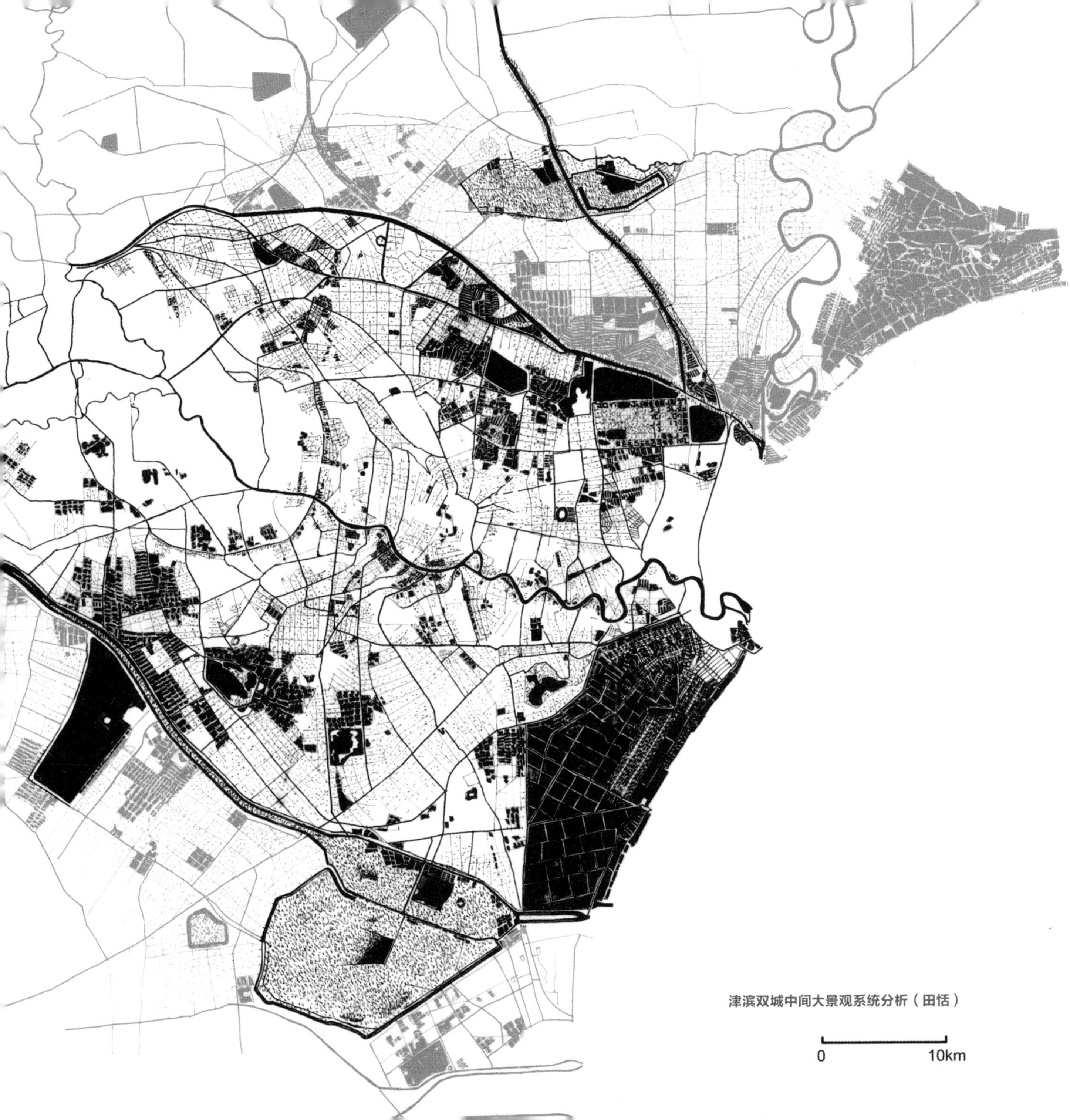

津滨双城中间大景观系统分析（田恬）

【为什么选择研究天津？为什么选择农业生态空间的功能性解读这个主题？】

由于耕地相对稀缺、人口众多，在中国，粮食安全问题一直是一个很大的挑战。中国仅拥有地球不到 10% 的耕地，却要养活世界 22% 的人口。此外，由于城市化、污染和荒漠化的加剧，可耕地面积每年都在减小。中国的气候和地貌决定了耕作区主要分布在东北部、东部、中部和南部的季风区的平原地区。然而，这些区域也是人口密度最大的区域，比如海河流域京津冀、长三角、珠三角是中国城市化人口大迁徙的第一级蓄水池，是城市化进程与耕地保护、生态空间保护冲突较大的区域。

以天津为典型的东部沿海高密度城市发展中心往往也是低地水稻种植区。维系农田生产的水网系统除了满足农田浇灌需求以外，也是城市雨洪管理的重要支撑（应对我国季风性气候特点的“春冬旱、夏秋涝”）以及区域生态空间网络构建的重要脉络。农田生态系统是一个复杂的生态体系。城市扩张对农田水网系统的侵占以及城市与农业“抢水”造成了城市雨洪管理效果不好、土壤再次盐碱化以及地面下陷等生态问题。例如，为了弥补城市扩张所占的耕地，原有的坑塘洼淀被改造成了农田或鱼塘。坑塘洼淀在农田水网系统中起着水源转换的作用，在雨季能够消纳雨水，在旱季能够回灌农田。对坑塘洼淀的侵占破坏了农田的水源转换系统，也导致了城市的雨洪问题。另外，在南水北调工程实施之前，由于海河流域上游城市与农田用水增加，上游来水减少，天津的小站稻种植面积曾大幅减少，一度几乎消失。水稻种植的灌排方式有压碱排盐的作用，水稻种植减少导致土壤再次盐碱化，也影响了别的旱地农业的耕作。为了应对城市与农业“抢水”，农田灌溉只能抽取地下水，地下水过度开采又导致地面下陷，影响了城市安全。

面对国家粮食安全问题，我国当然意识到了耕地危机的严重性并希望遏制它。耕地保护问题一直都是中央一号文件重点强调的，很多法律和政策相继颁布，以限制征用和转让耕地。然而，像天津这样的大都市在城市扩张的过程中对生态空间、农业空间的侵占不可避免，如何去探索一种能够让生态空间、农业空间和城市空间有机融合的规划设计方法？大地的景观系统展现了人与自然互动的过程，如华北沿海地区的台田景观、太湖流域的塘浦圩田景观、珠江三角洲的桑基圩田景观等风貌各异，充分展现了地域特色的多样性。因此，对农业生态空间的功能性分析与解读会成为地域景观系统与城市空间有机融合必不可少的方法之一。

2009 年，海河中游村庄聚落、农田及生态空间景观分析（田恬、褚俊民）

2009 年，津南小站稻片区村庄聚落、农田及生态空间景观分析（田恬、褚俊民）

【双城中间绿色生态屏障区，毕业设计时的选题对象，十年后变成京津冀生态协同的示范区】

田恬毕业设计的选题对象是天津中心城区与滨海新区之间的海河中游片区，这是一个由城市化进程导致的生态环境问题日益加剧的片区。双城中间的海河中游片区原来是天津空间发展的战略留白区，但是空间发展从“一根扁担挑两头”到“双城双港、相向拓展”，中间原有的留白的“扁担”变成了一个“筐”，承载着各式各样的城市拓展空间。双城中间的战略留白区一步步变成了“村村点火、村村冒烟”的“生态重灾区”。

田恬的毕业设计用了大量的篇幅去分析解读传统规划师眼中的留白空间，即天津海河中游片区的地域景观系统。她通过对《津门保甲图说》等旧的地文资料、现状测绘图以及田野调查资料等的研究，梳理了津沽水网、塘泊体系、小站稻的农田水网系统、村庄聚落的布局体系等，进而挖掘、解读津沽大地的地域台田景观系统所展现的人与自然互动的智慧，并以此为依据，提出相应的景观策略。

田恬毕业设计的导师吉勒斯·韦克斯拉德参加过天津项目的投标，对天津有一定的了解，因此他非常认可这个选题。他提到，当下中国在城市化过程中碰到的问题跟半个世纪前法国在城市化过程中碰到的生态环境等问题一样，只不过中国城市化的规模更大、速度更快。

十年之后，田恬毕业设计的选题对象变成了双城中间绿色生态屏障区，是天津市应对京津冀生态协同的生态规划及修复示范区，总面积为 736 平方千米。我们有幸参与了生态屏障区的全过程规划，并主持了很多重要片区的生态修复实施方案。

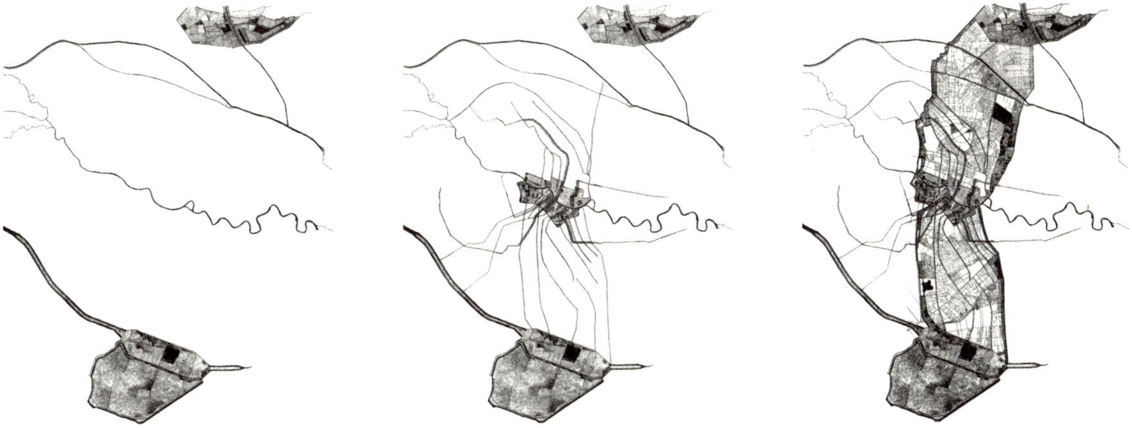

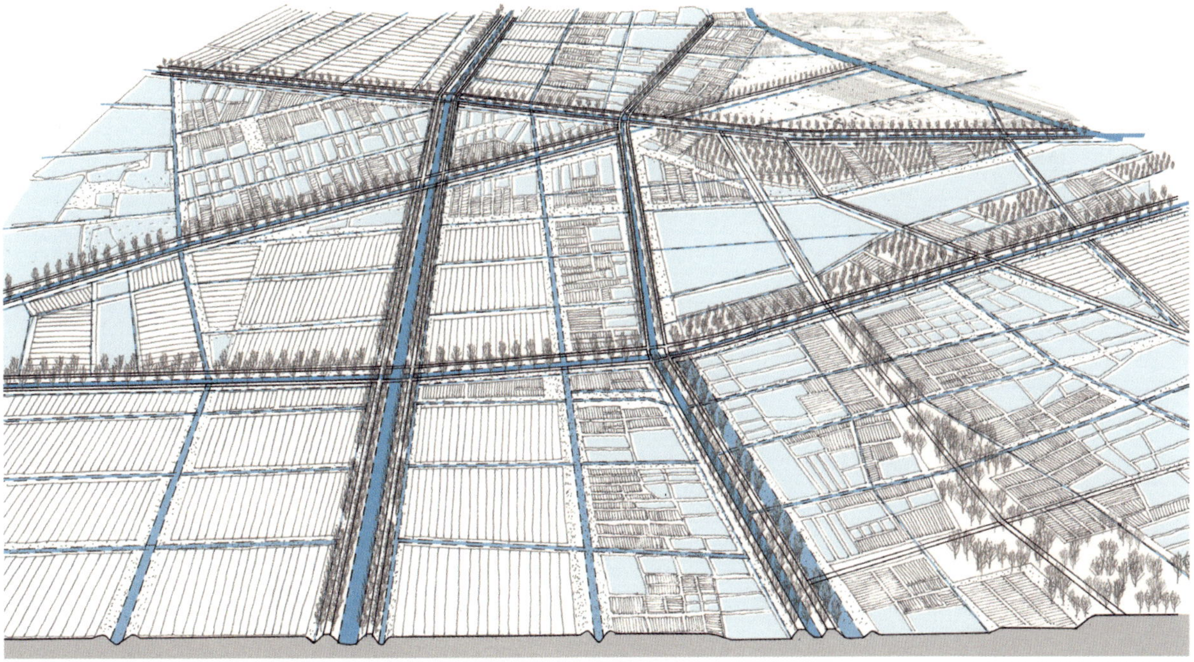

田恬毕业设计景观手绘图纸

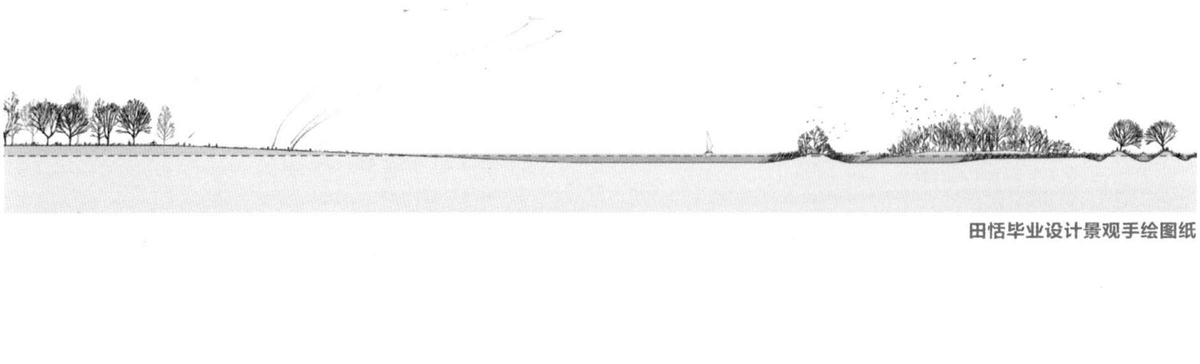

田恬毕业设计景观手绘图纸

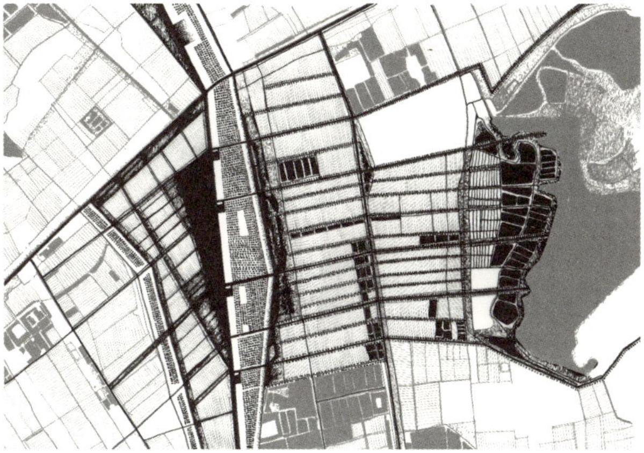

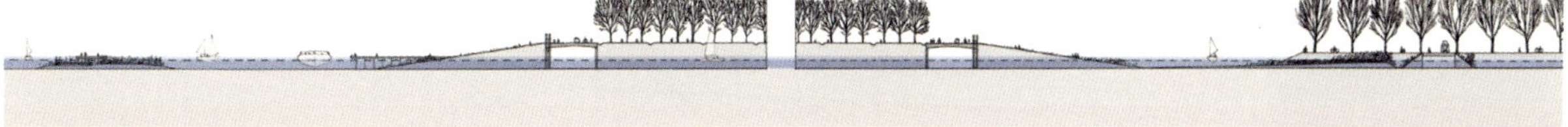

田恬毕业设计景观手绘图纸

十三年愿景

大景观视野下的城市规划及景观设计实践

2010 年 10 月中旬，结束了在法国 6 年的学习，我们受黄晶涛院长邀请来到天津规划院的子公司愿景公司工作，成立了相对独立的景观规划工作室，除了传统的城市规划设计业务外，还逐步开展景观规划设计相关业务。

我们正式工作之后，京津冀地区城市发展与生态环境保护的矛盾日益凸显，政府也越来越重视处理经济发展与生态环境保护的关系。2015 年，《中国国家地理》杂志在河北专刊中报道，近 30 年来，随着经济社会的快速发展、资源的不合理利用和建设用地的不断扩张，京津冀地区已经变成生态重灾区。河北省 95% 以上的平原河道干涸，90% 的湿地消失。短缺的地表水无法支撑高耗水的工农业快速发展，大规模的地下水开采引起了地面沉降、海水倒灌、土地盐碱化加重等问题；城市的“摊大饼式”蔓延开发导致了空气、土壤污染和城市雨洪泛滥等问题。党的十八大以来，京津冀的生态协同治理上升为国家战略，受到了党中央、国务院的高度重视。重构区域景观生态安全格局，实现区域的可持续发展已成为京津冀生态协同的核心目标。

在快速城市化进程的末期，中国也一步步进入了生态文明时代。在这样的背景下，我们在法国学习期间逐步形成的大景观视野下的规划设计方法在工作中得到了认可。在愿景公司的平台上，我们争取到了不同类型、不同尺度的生态景观类实践项目。

本书记录了团队十余年来在天津及京冀区域开展的大景观视野下的城市规划与景观设计实践作品及研究成果。

我们的团队聚焦于生态景观规划，开展区域大景观生态系统规划研究和区域大型生态片区规划，为国土空间总体规划提供支撑；聚焦于生态敏感地区，开展大型生态廊道与生态单元规划与设计、矿山景观生态修复与利用，助力生态工程建设；聚焦于生态聚落规划，开展基于景观生态系统构建的片区规划、生态聚落规划与设计，引领新型城乡发展；聚焦于城市存量空间，开展城市更新规划与城市更新景观设计，推动可持续发展。

大景观生态系统是一个多层次、连续、完整的网络，支撑着区域的生态安全格局，包括宏观的国土生态安全格局、中观的区域生态安全格局和微观的城市及片区生态安全格局。例如，京津冀地区所处的海河流域是一个各类自然要素相对完善的生态系统，所包含的山、水、林、田、湖、海是一个生命共同体。其景观生态安全格局的基础是以水网为骨架，山水格局、河流水系、湿地系统、绿道系统等多元要素叠加的复合型生态树网状结构。流域内的主干河道构成生态树网的干支，次级水网、生态廊道系统分不同等级去完善生态树网的结构，大型湿地及重要的生态建设单元是生态树网上的果实。

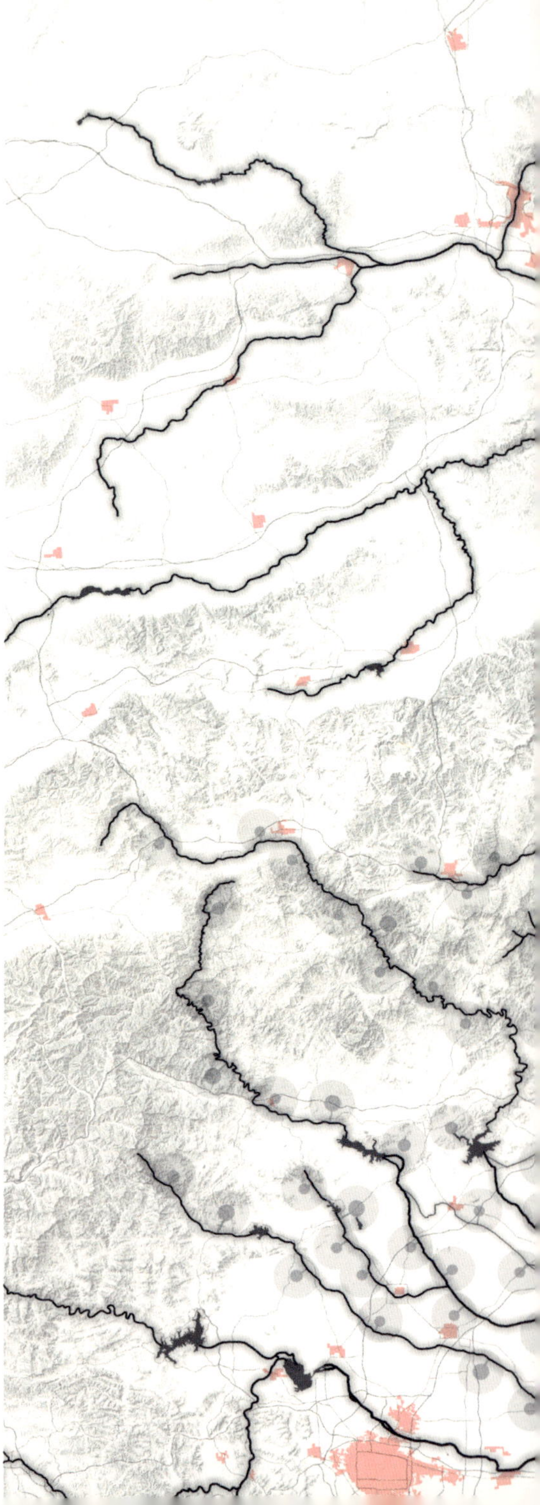

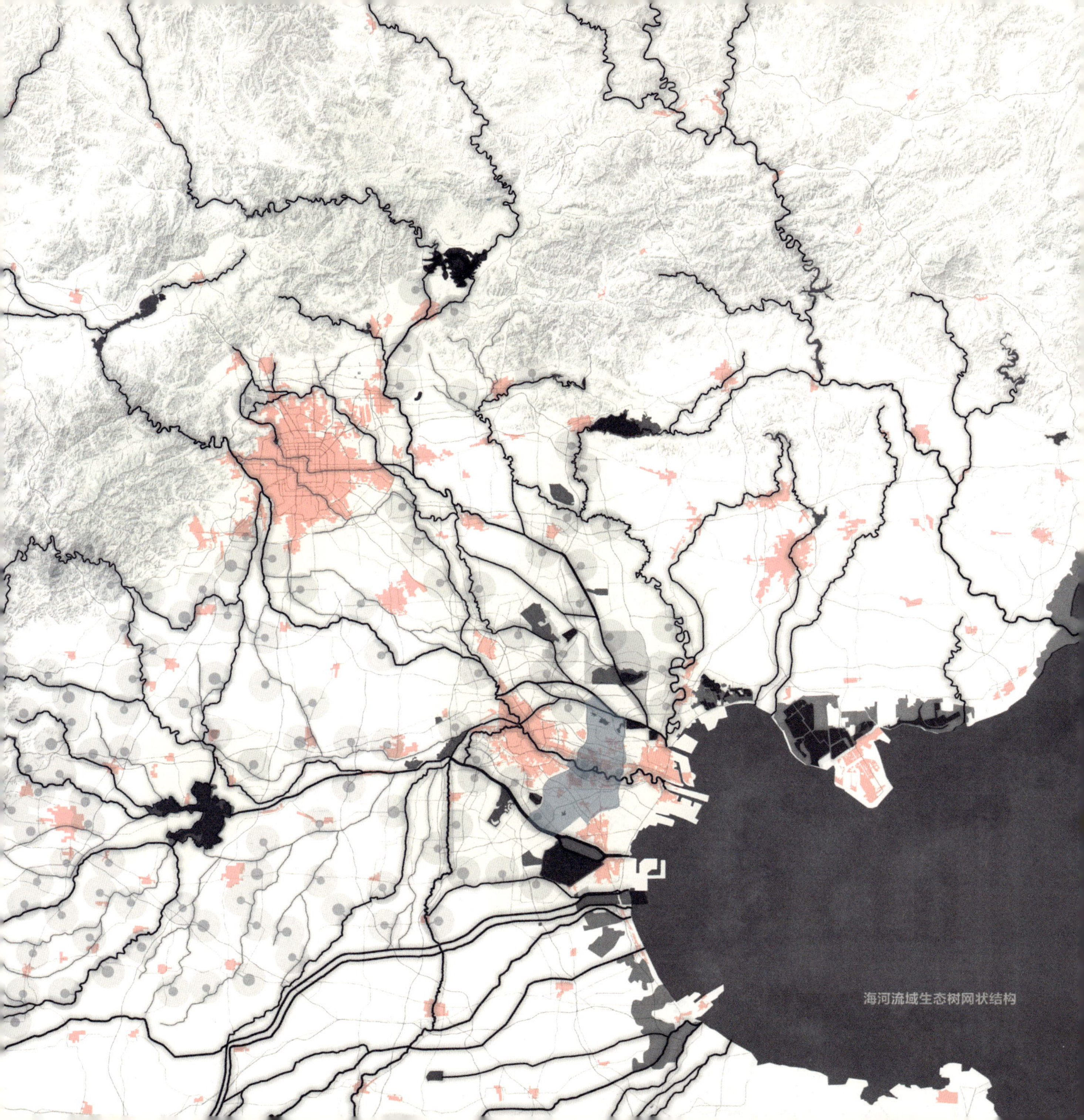
海河流域生态树网状结构

王妤
2011年8月

闫寒
2012年5月

2010 2011 2012 2013

褚俊民
2010年10月

张璐
2011年12月

王贤哲
2012年7月

田恬
2010年10月

王荣臣
2020年1

满文旭
2020年5月

李司洋
2020年8月

团队由最初的 2 个人逐步发展到 24 个人，成立 13 年来没有一个同事辞职或换团队，这应该算是比较少见的。我想，这和愿景公司以及团队的价值观有一定的关系。当然，肯定要感谢天津规划院的领导以及愿景公司的历届管理者——黄晶涛、刘洋、赵庆东，他们给了团队很大的自由度和发挥专业技能的空间。大家也一直都在坚守愿景公司的价值观——一个有温度的企业。

这本书，团队的所有成员都是参编者。
这本书，也算是大家职业生涯中的一段成长记录。

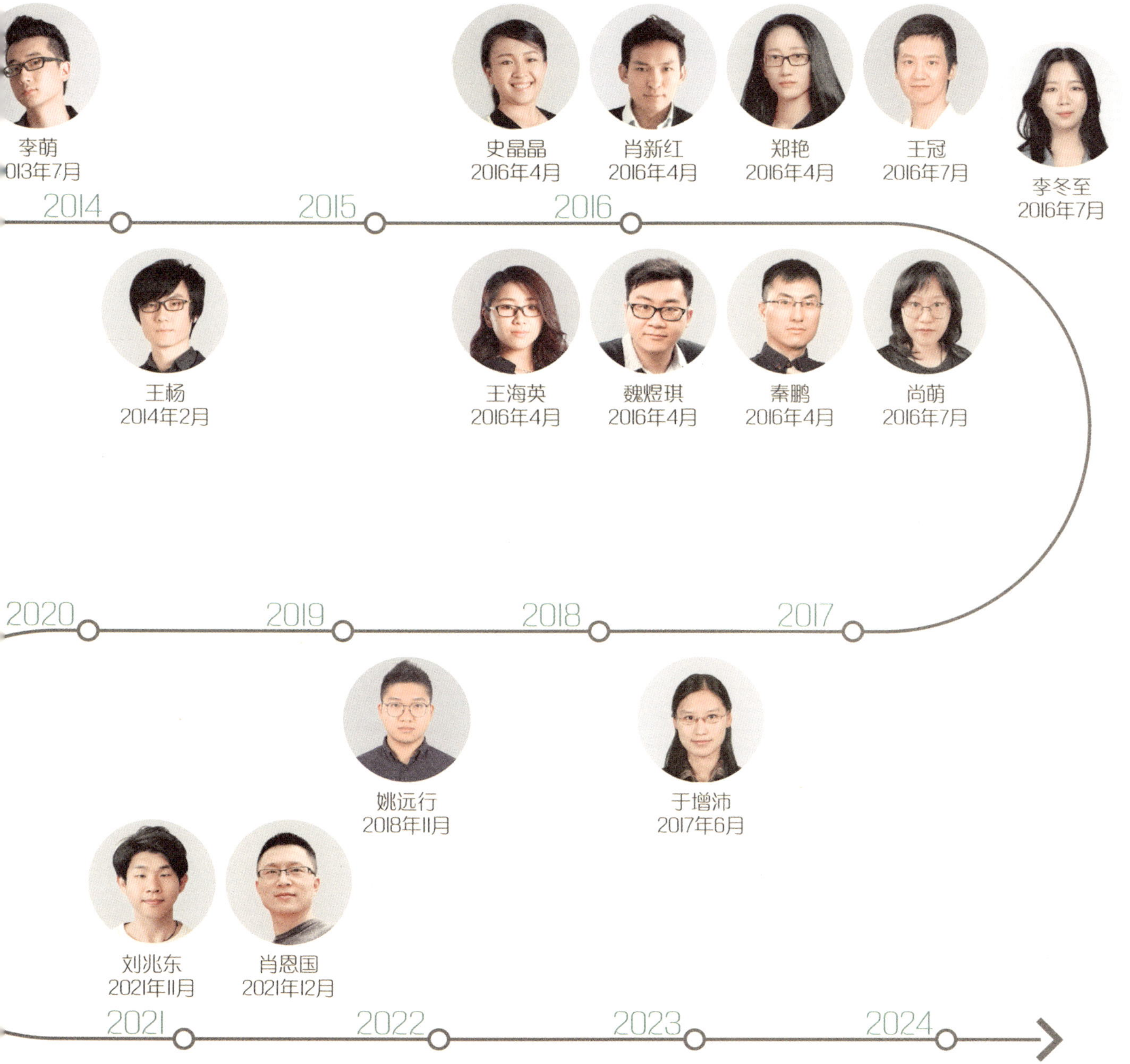
李萌
013年7月
史晶晶
2016年4月
肖新红
2016年4月
郑艳
2016年4月
王冠
2016年7月
李冬至
2016年7月
2014
2015
2016
王杨
2014年2月
王海英
2016年4月
魏煜琪
2016年4月
秦鹏
2016年4月
尚萌
2016年7月
2020
2019
2018
2017
姚远行
2018年11月
于增沛
2017年6月
刘兆东
2021年11月
肖恩国
2021年12月
2021
2022
2023
2024

目录
CONTENTS

01

区域大景观生态系统规划研究
RESEARCH ON REGIONAL LARGE SCALE LANDSCAPE ECOSYSTEM PLANNING

02

区域大型生态片区规划
REGIONAL LARGE SCALE ECOLOGICAL AREA PLANNING

03

大型生态廊道与生态单元规划与设计
PLANNING AND DESIGN OF LARGE SCALE ECOLOGICAL CORRIDORS AND ECOLOGICAL UNITS

04

矿山景观生态修复与利用
ECOLOGICAL RESTORATION AND UTILIZATION OF MINING LANDSCAPE

05

基于景观生态系统构建的片区规划

REGIONAL PLANNING BASED ON LANDSCAPE ECOSYSTEM CONSTRUCTION

06

生态聚落规划与设计

ECOLOGICAL SETTLEMENT PLANNING AND DESIGN

07

城市更新规划设计

URBAN RENEWAL PLANNING AND DESIGN

08

城市更新景观设计

URBAN RENEWAL LANDSCAPE DESIGN

01

区域大景观生态系统规划研究

RESEARCH ON REGIONAL LARGE SCALE LANDSCAPE ECOSYSTEM PLANNING

大景观生态系统对区域的生态安全格局具有重要的支撑作用，是一个多层次、连续、完整的网络，分为宏观的国土生态安全格局、中观的区域生态安全格局和微观的城市及片区生态安全格局。

区域层面的大景观生态系统具有保障片区生态安全和重塑片区景观空间格局的双重作用。景观生态空间的管控，除了要重视单个生态保护红线区域的划定，更要重视全域景观生态系统的识别与整体管控。

右侧列举的几个规划都是以对区域景观生态系统的分析解读评估为基础的，进而统筹完善，逐步梳理出具有层次性、网络性的生态空间格局。区域级的大景观生态系统规划应能够落实国家、省、市明确的重要生态廊道、生态屏障与大型生态保护片区，划定重要生态保护区域边界，作为向上汇总、向下传导的基础界面。

1:600000

01 河北省雄安新区生态格局研究

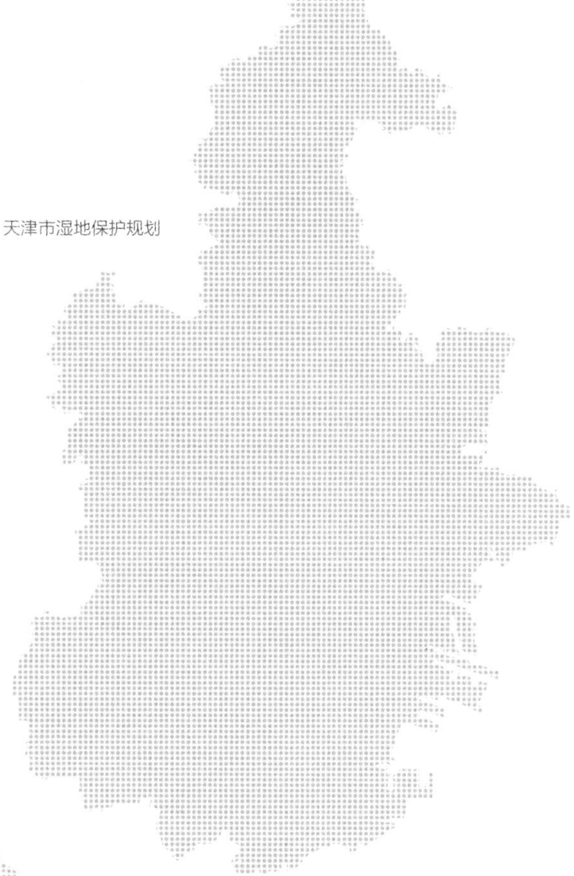

02 天津市湿地保护规划

03 天津市西青区国土空间生态修复规划

04 河北省邢台市国土空间规划生态系统专项研究

河北省雄安新区生态格局研究

项目简况

雄安新区规划工作营于 2017 年 4 月 25 日在中国城市规划设计研究院正式启动，重点围绕雄安新区总体规划、起步区控制性规划这两个规划的总体布局方案开展优化完善工作，研究范围为 2 000 平方千米。在规划工作营中，项目组提出重构区域景观格局，因循中国传统的“扶农、理水、造园、兴村”的治水理念，珍视“北地西湖”独特的自然特色，退田还湿，环淀育林，增强蓄洪能力，涵养生态基底；敬畏地域的自然选择，学习淀区农民的智慧，延续北方湿地村落理水造台的营村方式，节省水土，善用高程，巧植作物，营造人水和谐共生的区域景观体系。

流域水系示意

着眼于流域视角，因循中国传统的治水理念，重构生态文明发展理念下的区域景观格局

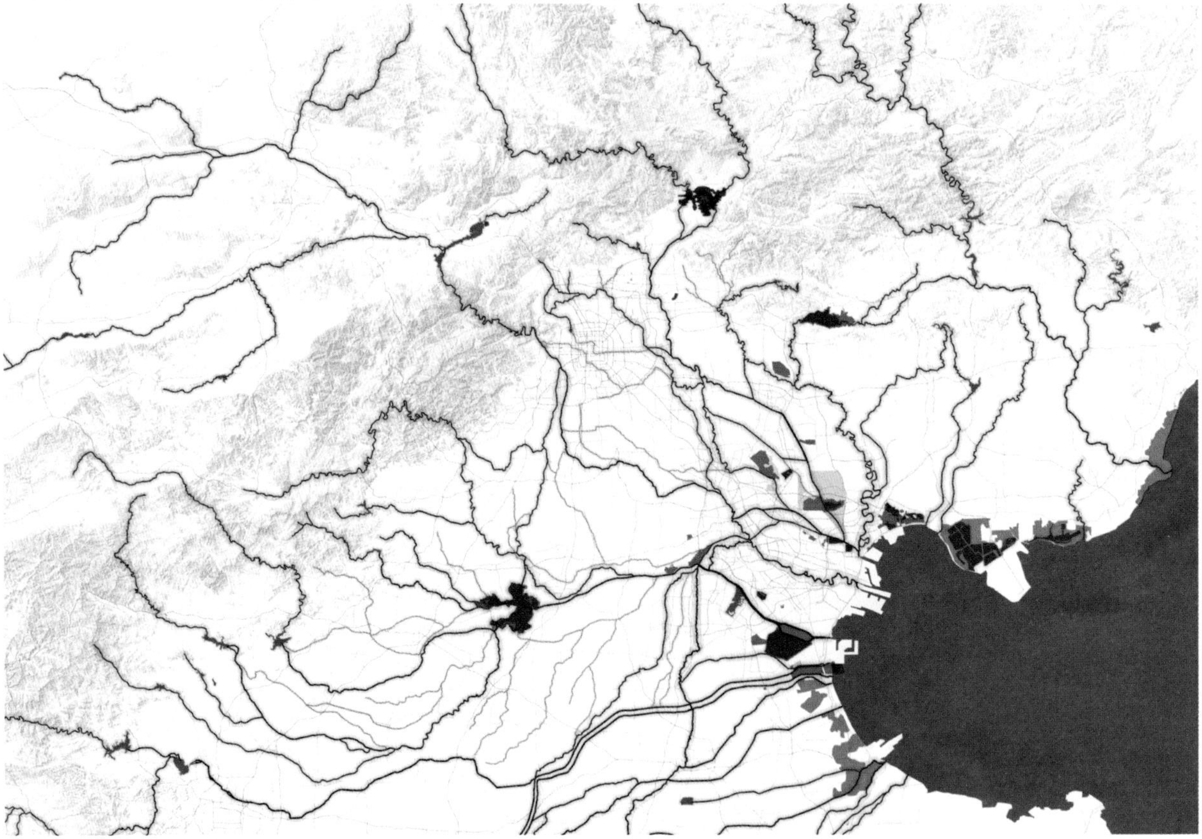

现状村落布局

3 县、32 镇/乡、640 村

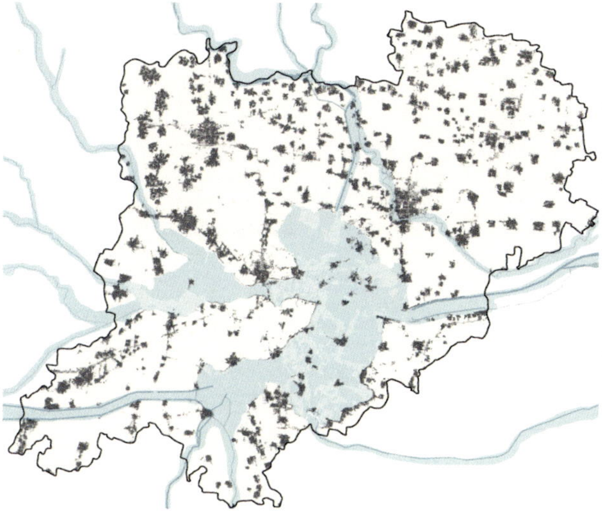

白洋淀现状用地

生产用地占比 74.4%

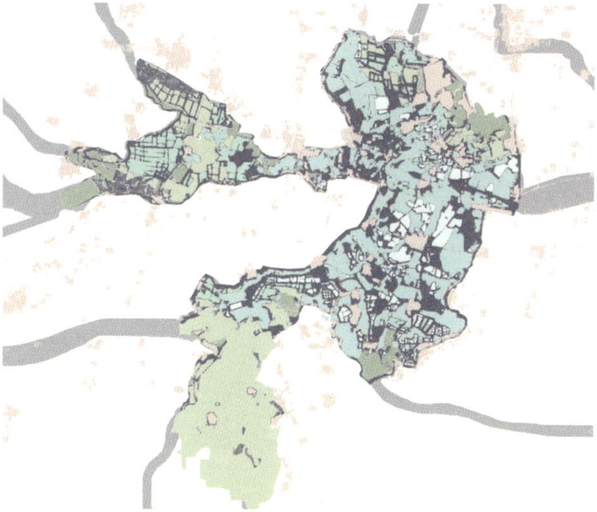

淀区生态结构概念方案

着眼于流域尺度的治水理念，复现独特的自然肌理，识别乡土村落，保留在地的营村方式，营建人水共生的和谐生态关系

九河入淀

通浚水路

理水营村

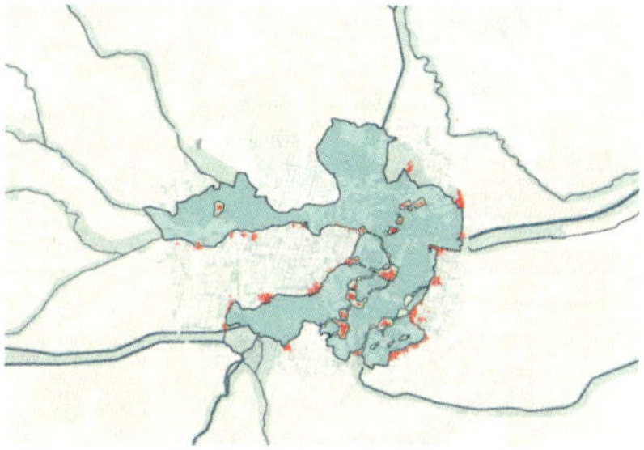

衔接内湾

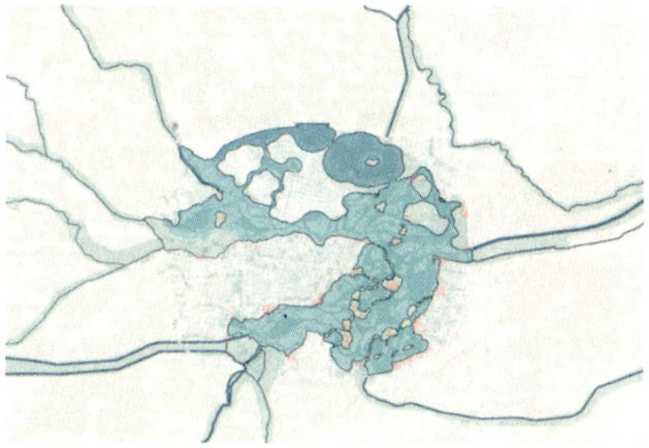

滨湾营城

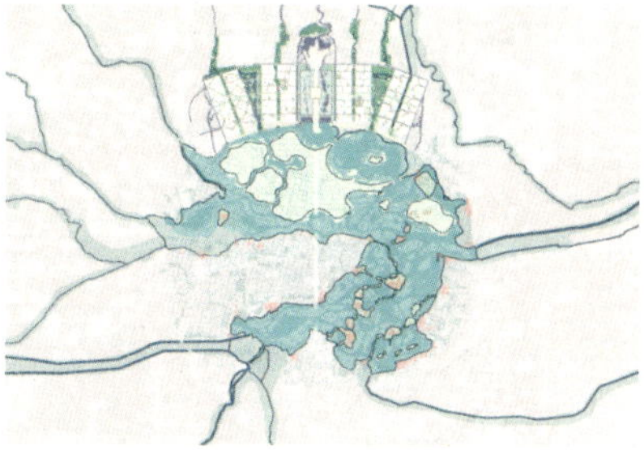

环淀育林

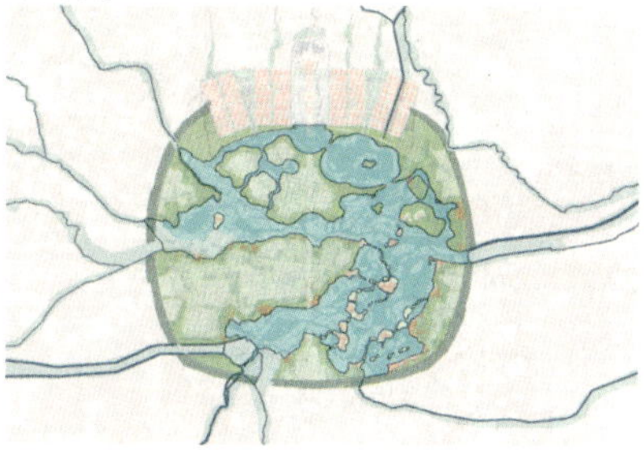

村庄类型

淀中村　　田中村、堤上村　　淀边村

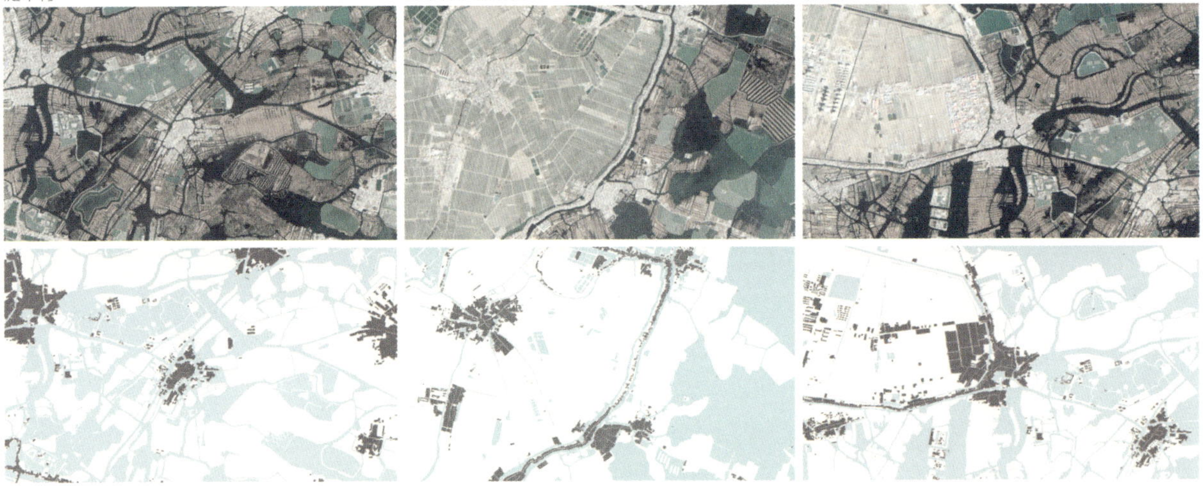

淀中村改造意向

学习淀区农民的智慧，因循理水造台的营村方式，保留淀区特色村落的原生形态，梳理要素，协同更新

王家寨村

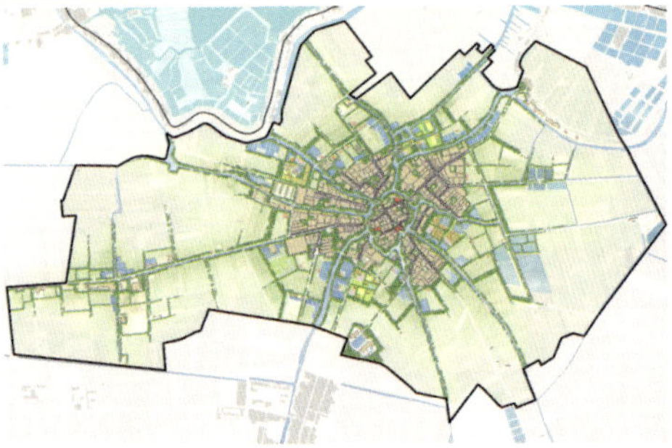

马家寨村

马家寨村村庄肌理研究

不同位置的村庄肌理及模型示意

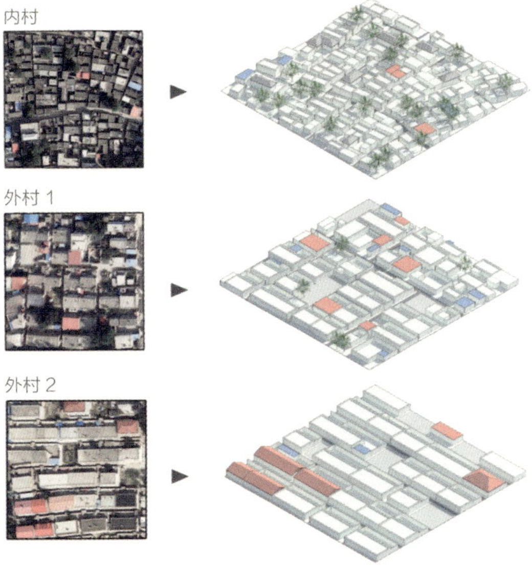

不同位置的村庄宅基地尺度分析

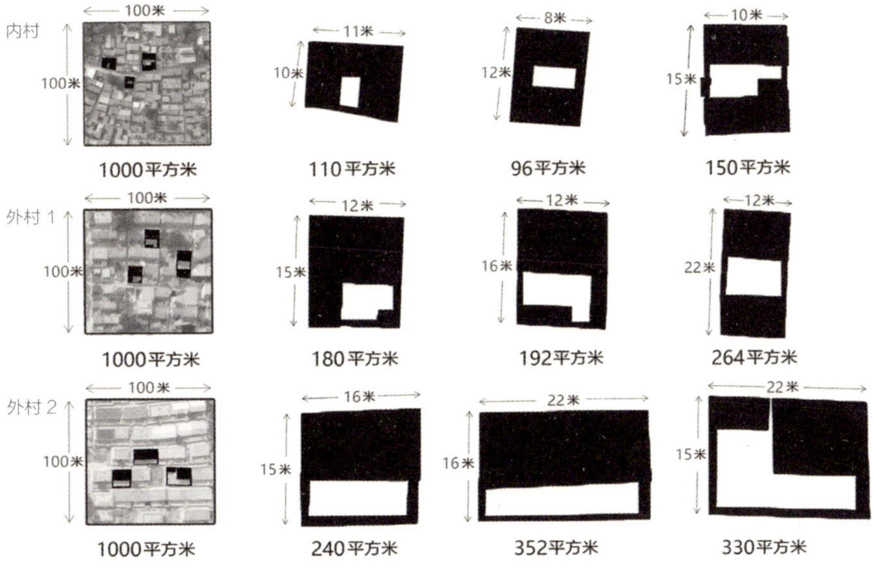

村庄肌理与尺度研究

美丽乡村是人与自然以质朴的方式友善互动的结果，留存下来的都值得我们敬畏，因为它们已经历了自然的选择。识别乡土村落丰富的人文痕迹，因循北方村落传统的营村方式，成为主要的设计理念

天津市湿地保护规划

项目简况

天津市湿地保护规划对切实维护湿地生态功能、完善湿地保护管理体系、全面提升湿地保护水平、助力京津冀生态协同发展、加快建设美丽天津具有重要意义。保护规划的研究范围为天津湿地，总面积为 2 746.67 平方千米。项目明确了天津市域湿地分布情况，统筹“山水林田湖海”生态环境治理，构建由北部山区到渤海之间的湿地生态格局，基于现状条件和主要问题，明确了湿地保护、修复和合理利用的主攻方向，全面提升市域湿地生态环境质量；通过湿地面积总量管控、完善湿地分级保护体系、实施湿地保护修复工程、探索湿地持续利用方式、强化湿地监测管理研究、注重湿地保护合作交流六大重点任务，多途径综合推进天津湿地保护工作，构建“河流环抱”“湿地围城”的良好生态格局。

京津冀湿地自然保护区分布及陆域湿地面积比例

天津湿地是京津冀湿地群的重要组成部分，湿地面积比例与湿地保护率突出，具有重要的生态价值。天津市位于海河流域末端，是维护渤海流域生态安全的重要屏障

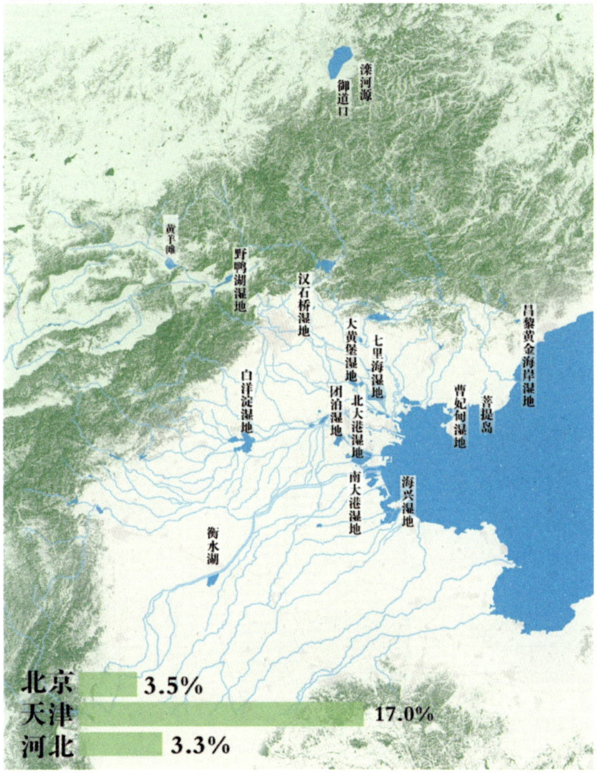

天津湿地相关地名研究

天津在历史上有“七十二沽”之称。天津的发展与湿地关系密切，地名中出现的“台”即水中高地，“沽”即临河的环水高地，“嘴”“口”即湿地连接区域，“淀”“湖”“海”“洼”即大面积湿地

湿地分布情况

湿地总体格局

湿地总体布局

构建“河流环抱”“湿地围城”的生态格局

积极探索综合的湿地利用模式，将湿地保护与市民游憩、城市发展结合，构建中心城区周边湿地公园环、中心城区外围湿地片区环

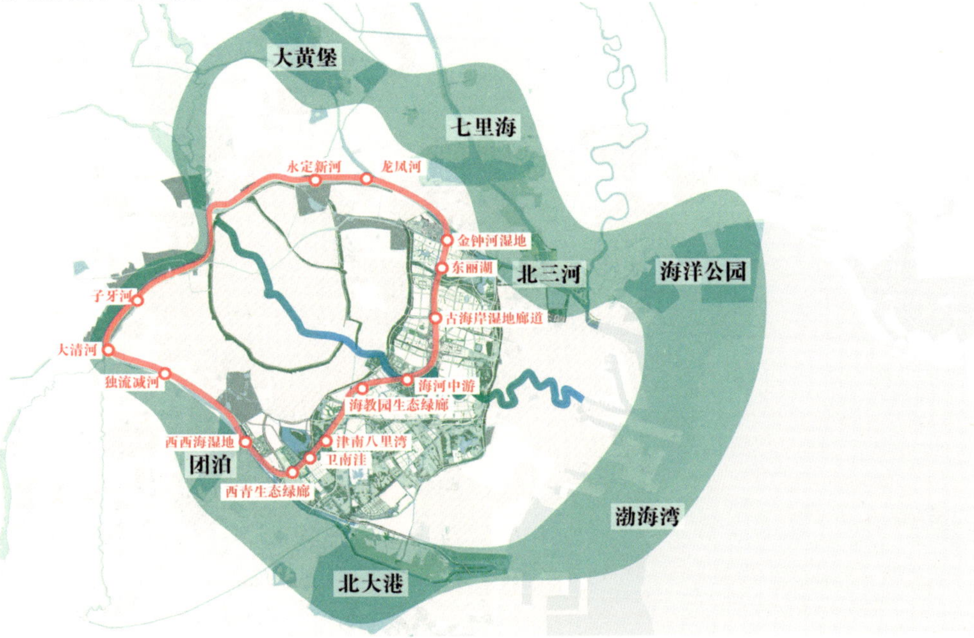

天津市西青区国土空间生态修复规划

项目简况

西青区全域总面积约为565平方千米，规划综合分析西青区的现状生态资源，确定了西青区“山海雄津的重要区段、京杭运河的璀璨节点、津雄协同的示范片区、城绿融合的实践样板”的生态本底，以及“两带、两廊、两网、三片、九链、多点”的规划结构和“理水、保湿、覆绿、整田、通绿、建园”的规划目标，通过规划的编制，力求“对生态、农业、城镇空间进行综合修复，推进城市更新、海绵城市落实，建设集生态保障安全供给、绿色产业创新发展、区域活力综合提升、津沽风貌集中展示于一体的生态文明示范区”。

西青区生态分布示意

规划结构

外环廊道
生态绿楔
护区
津晋高速廊道
双城中间绿色
生态屏障区

修复分区

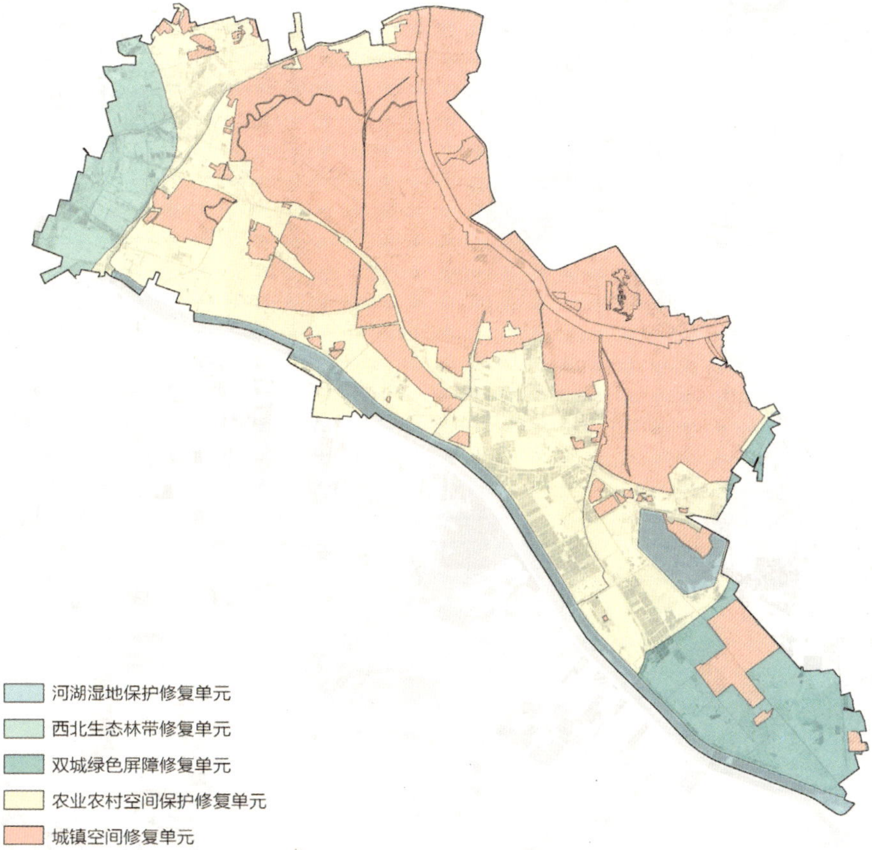
河湖湿地保护修复单元
西北生态林带修复单元
双城绿色屏障修复单元
农业农村空间保护修复单元
城镇空间修复单元

河北省邢台市国土空间规划生态系统专项研究

项目简况

邢台市地处河北省南部，是京津冀世界级城市群的节点城市，总面积为 1.24 万平方千米。本研究以区域西部的太行山和大型水库湿地为重要的生态源地，以林地和湿地为斑块，通过沿水系、林带、文化遗产线路等线性元素建立生态廊道、文化遗产廊道和游憩廊道，构建呈基质 - 斑块 - 廊道镶嵌格局的生态基础设施网络；形成具有区域特征的“一山、一泽、五区、九廊、多脉、多点”生态格局；树立海河流域源头治理标杆，打造京津冀生态协同示范区；面对流域生态系统遭持续破坏、泉群失涌的问题，通过“定泉眼、划泉域、留泉廊”的措施使得百泉复涌，重现百泉之城的景观风貌。

生态结构分析

修复市域湿地水文系统，重构“太行山 - 大陆泽”生态廊道，涵养海河流域上游水源，助力京津冀区域生态协同

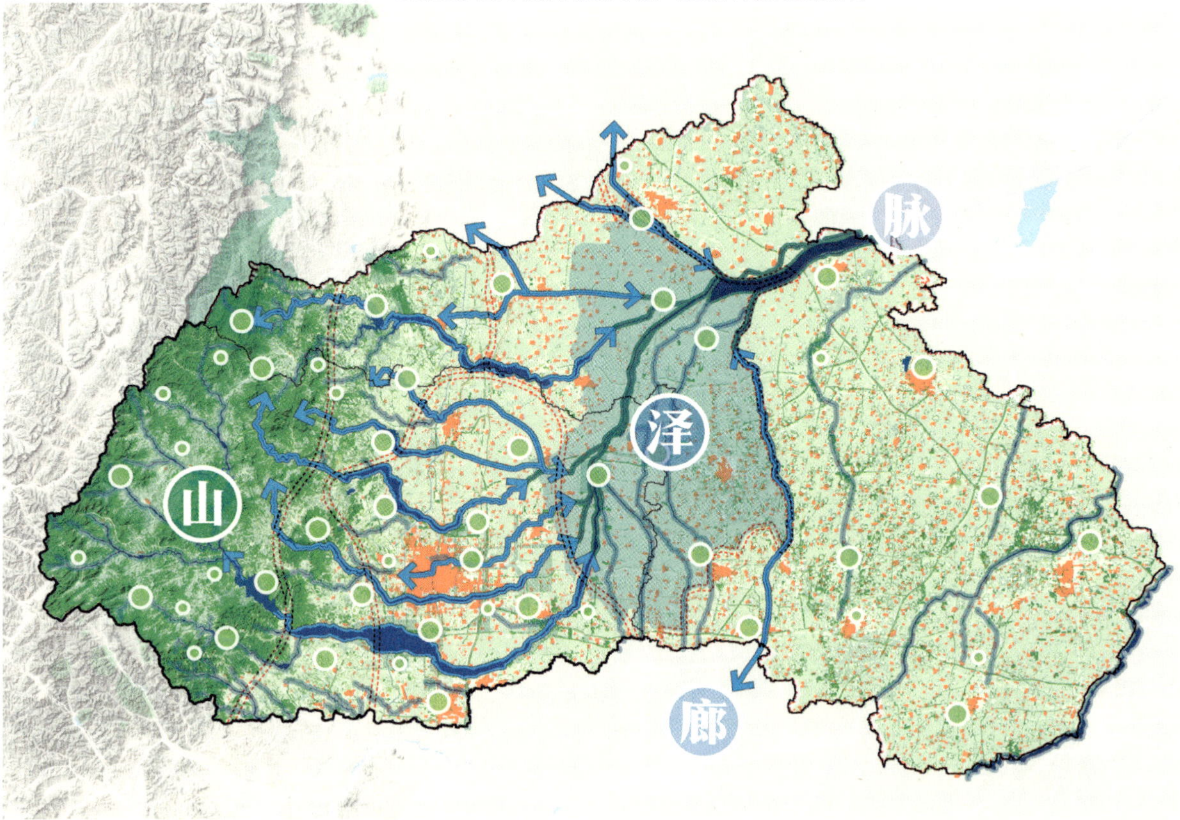

流域生态树构建

梳理河湖湿地水系网络，治理管控水系主干上游

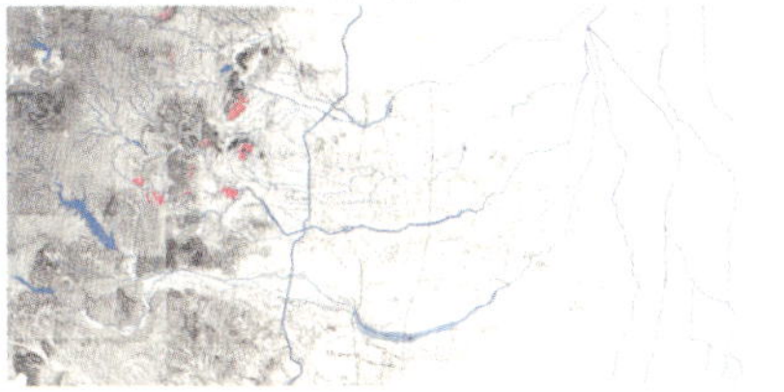

修复水网系统，涵养水源

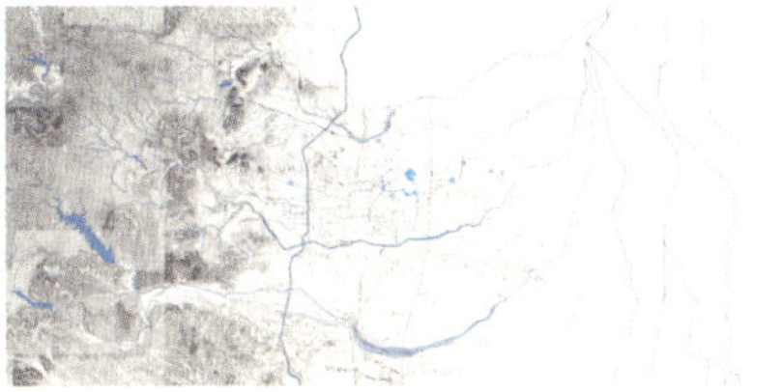

恢复流域天然水文过程，构建流域水安全格局

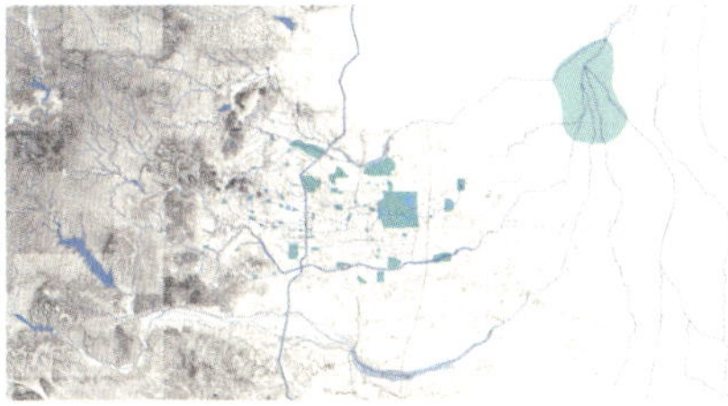

百泉复涌策略

保护百泉、达活泉周边约 25 个主要泉眼，划定泉域保护范围，预留泉水涌出通道

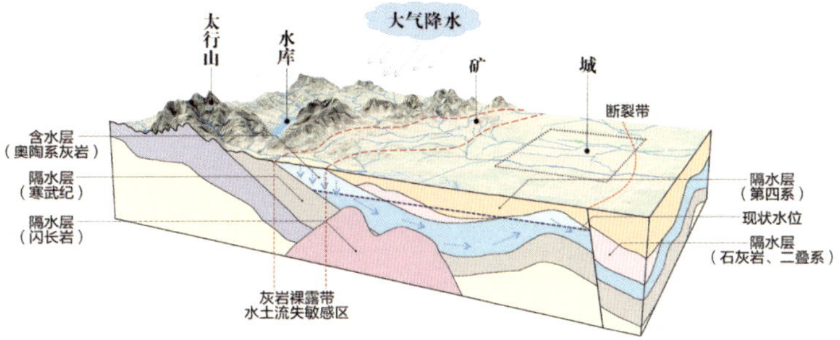

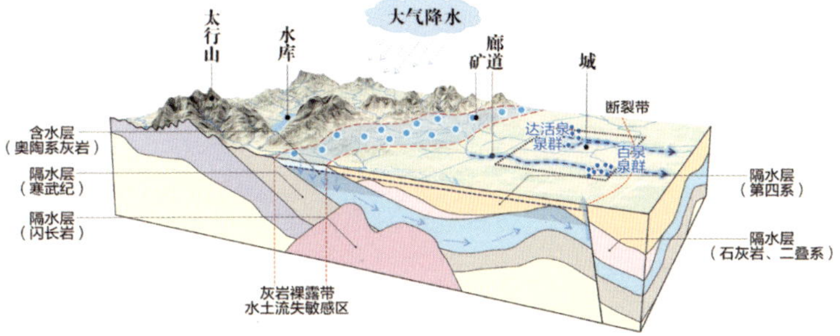

融入海河流域安全格局

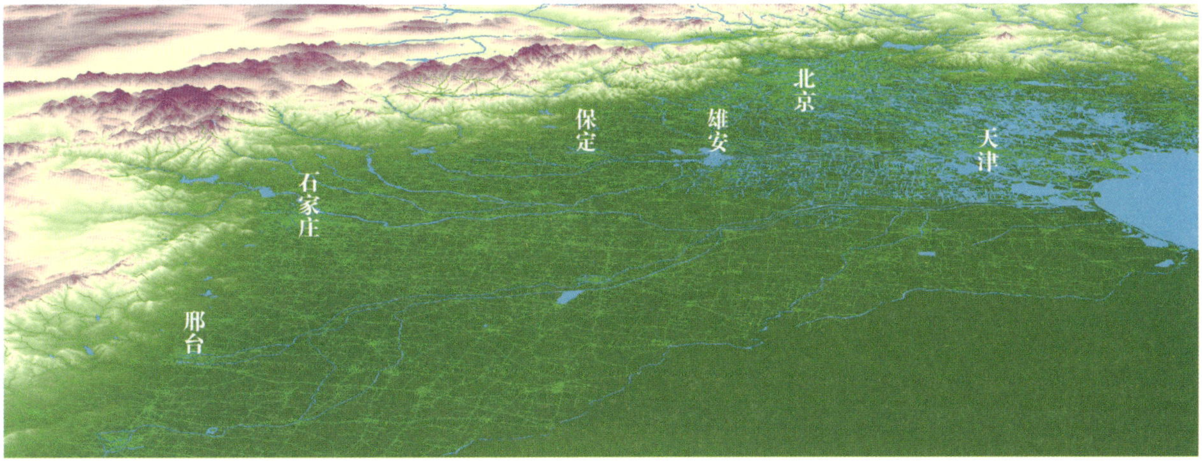

02

区域大型生态片区规划

REGIONAL LARGE SCALE ECOLOGICAL AREA PLANNING

区域大型生态片区，诸如大型水库、蓄滞洪区以及具有显著生态功能的自然保护地等，作为区域大景观生态系统的重要组成部分，是构建区域生态安全格局的重要支撑，并且因具有独特的生态价值和重要性，通常被划定为国家级或省市级的生态保护区域。

在生态保护规划及管理过程中，需要划定核心保护区和一般控制区。对核心保护区，应当实施更为严格和精细的管控要求。然而，正如我们列举的多个规划，在划定的大型生态片区内，除了核心生态空间外，还分布着大量农田，甚至是基本农田，以及村庄聚落和镇区。过往的一些规划在划定核心保护区边界和制定管控要求时，只侧重防止生态质量进一步恶化，未能有效促进生态质量的提升和持续改善。不合理的生态保护边界划定往往对民生发展和农业生产造成影响。如何妥善平衡生态保护、农田耕保和经济社会发展的关系，实现生态、生产、生活融合发展，成为规划中的关键。

1:400000

01 天津市双城中间绿色生态屏障区规划：生态景观专项
02 西青区双城中间绿色生态屏障区规划
03 北三河郊野公园方案提升设计
04 补浪河女子民兵治沙连研学营地“林田湖草沙综合提升项目”景观规划
05 天津大黄堡湿地自然保护区总体规划
06 于桥水库分区规划及水库南岸风景区概念规划
07 天津市蓟州区青甸洼田园综合体概念规划

天津市双城中间绿色生态屏障区规划：生态景观专项

项目简况

天津市双城中间绿色生态屏障区总面积约为 736 平方千米。规划尊重天津退海之地的生态基底风貌，调整发展模式，从城市建设转向生态管控，使地区功能与天津全域生态系统相协调；明确和强调区内生态作用，连通生态廊道，恢复地区的生态涵养功能，倒逼城镇、产业转型升级。按照“生态屏障、津沽绿谷”的目标定位，屏障区划分为一、二、三级管控区，采取分级管控。规划目标为到 2035 年，蓝绿空间占屏障区总用地的比例达到 70%，根据“宜林则林、宜田则田、宜水则水”的原则，遵循地区的乡土条件与特点，提出一级管控区内森林覆盖率达到 30%，蓝绿空间形成三分林、三分水、三分田、一分草的生态空间格局。

生态空间格局研究

生态单元管控

根据现状用地条件，确定可进行生态建设的用地类型

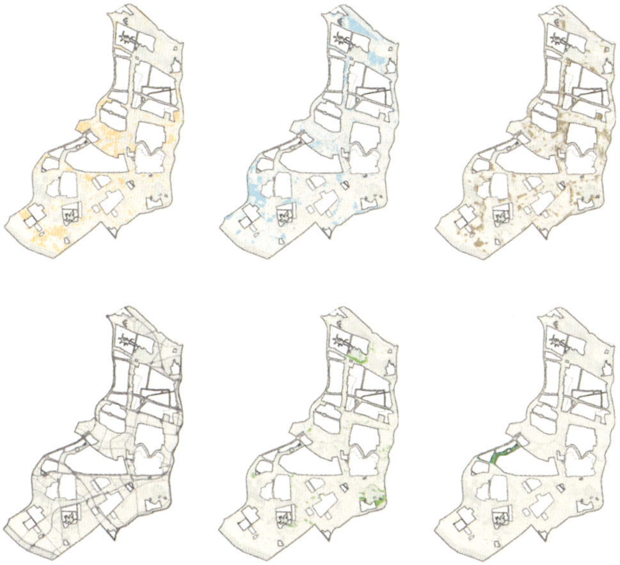

划分生态单元，通过控制各单元的生态指标，确保总量满足规划要求

生态空间效果示意

西青区双城中间绿色生态屏障区规划

项目简况

项目位于天津市双城中间绿色生态屏障区南端，总面积为 68.5 平方千米，多年的过度开垦和工业污染对区域生态造成了严重影响。规划旨在通过修复湿地生态，提质增绿，营造优质环境；发展绿色农业，三产融合，促进乡村振兴；治理低效工业，以绿促产，带动产业转型，构建集生态环境保育、绿色乡村示范、智慧产业转型于一体的湿地生态综合体。本项目已成为生态屏障助力灰色经济向绿色动能转换的示范标杆。

西青区双城中间绿色生态屏障区规划
屏障区规划总平面图

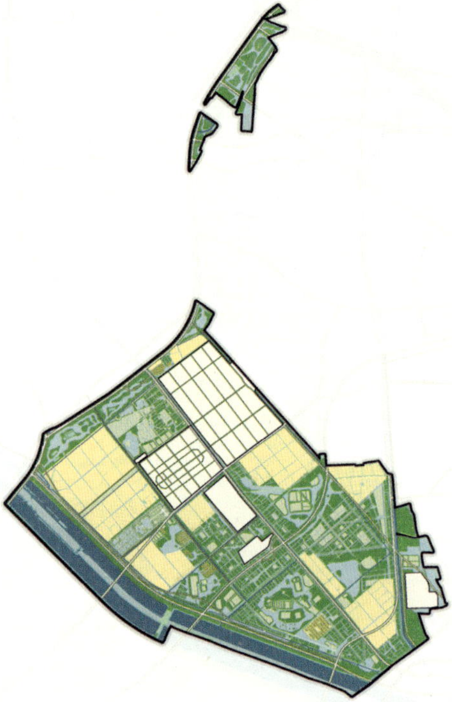

区域生态格局
规划融入周边生态空间布局

项目实景

镇区及周边农业空间

生态绿廊及周边农林空间

北三河郊野公园方案提升设计

项目简况

北三河郊野公园位于天津市滨海新区北部，总面积为 91.8 平方千米，是永定新河、潮白新河和蓟运河三河交汇入海区域，是天津中部“七里海 - 大黄堡 - 北三河生态湿地保护区”的重要组成部分。设计以生态保育为前提，注重环境效应，促进自然生态修复和环境优化，科学组织游憩、休闲、健身、科普等多样化的户外活动，整合农田、湿地、林地、水网等要素，体现北方水乡文脉和自然野趣。项目以区域景观生态格局构建为核心，以底蕴深厚的滨海运河及农耕文化为内涵，以具有地域特色的人与土地和谐为典范，以磅礴秀美的湿地河湖景观为特色，形成生态环境保育、绿色农业示范、生态旅游休闲三位一体的湿地郊野公园。

项目总平面图

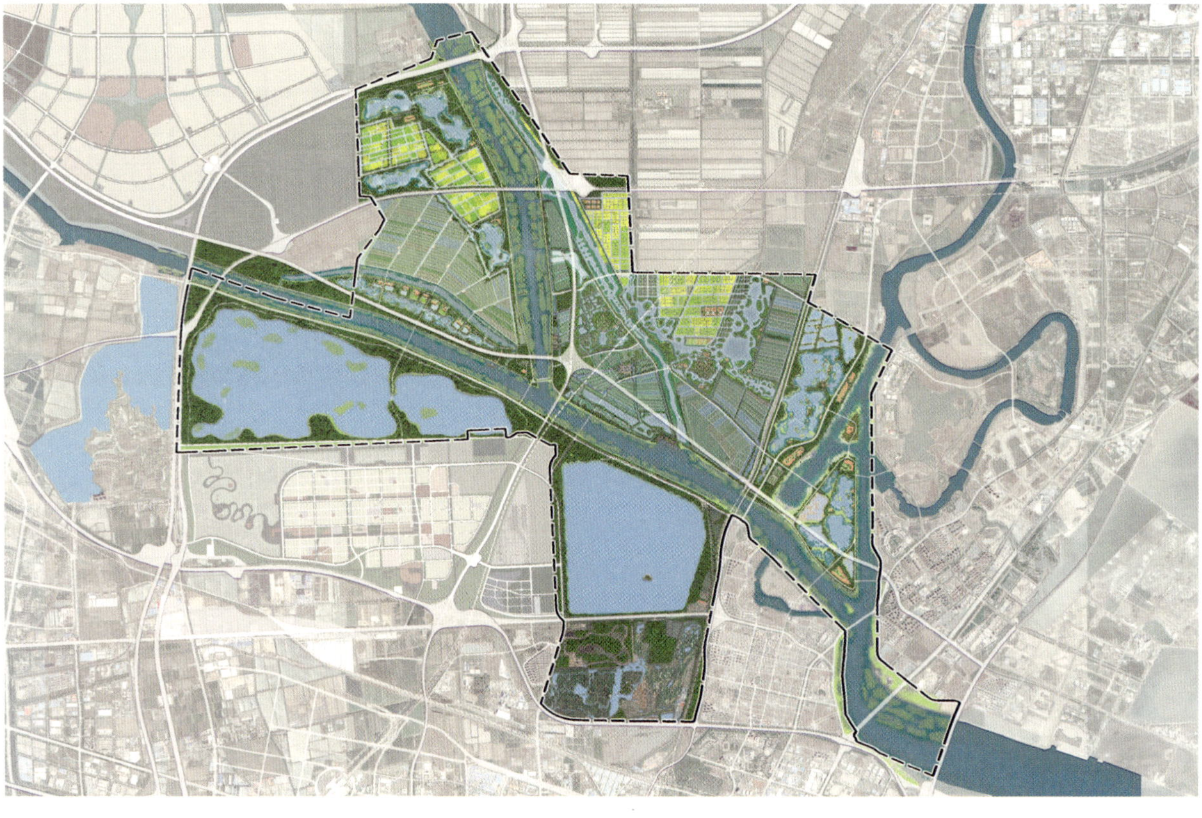

方案生成

复水文

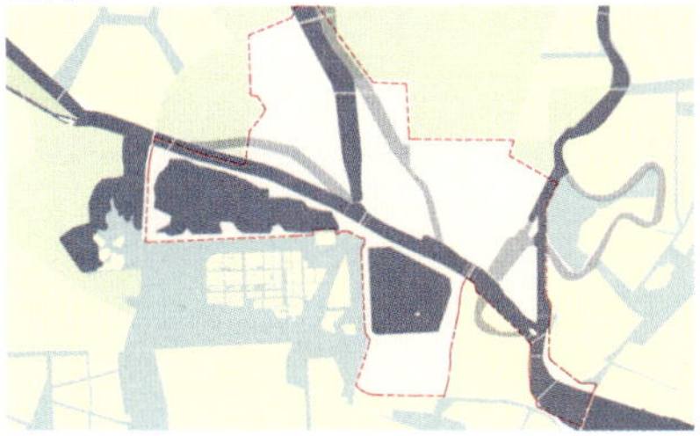

通水系

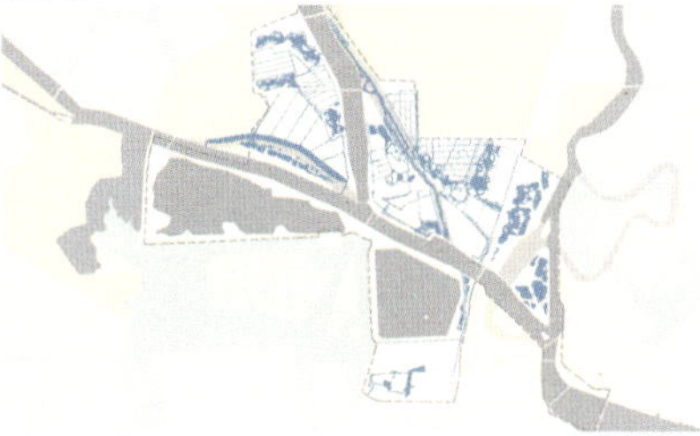

绿河廊

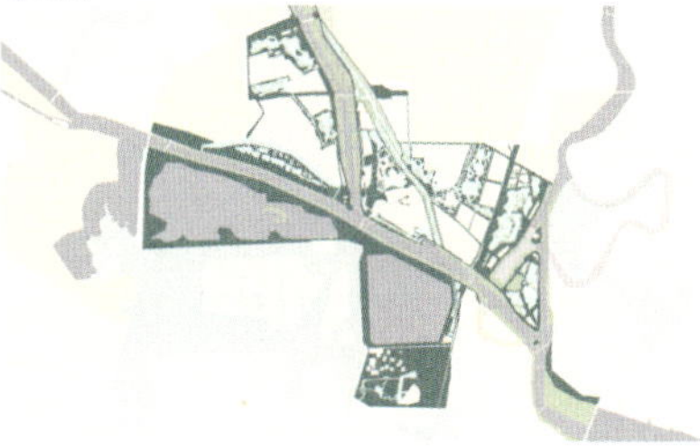

整田塘

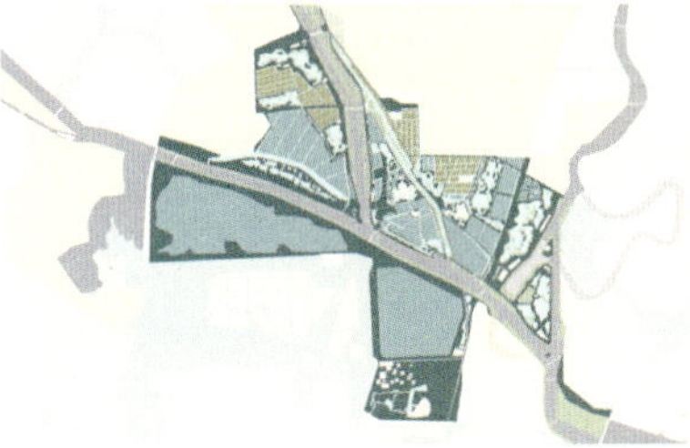

理道路

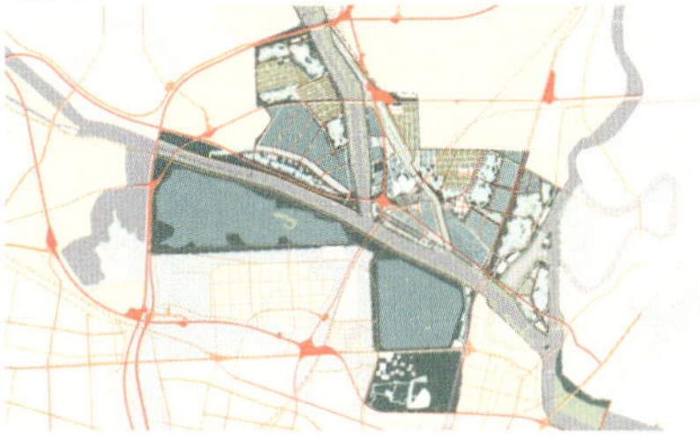

附配套

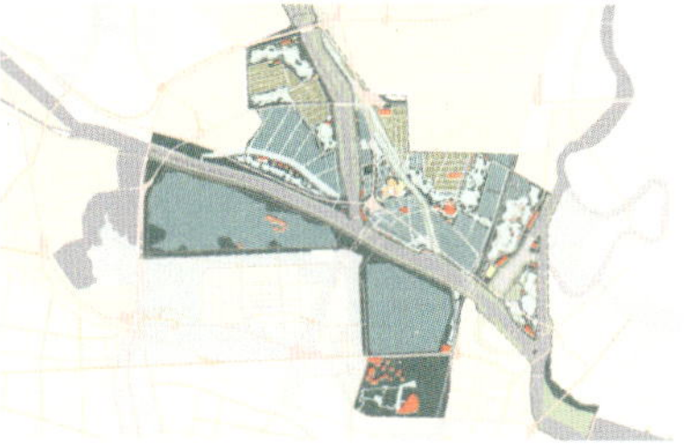

方案叠加拼合

补浪河女子民兵治沙连研学营地“林田湖草沙综合提升项目”景观规划

项目简况

项目位于陕西省榆林市，地处毛乌素沙地南缘。由于滥垦滥牧滥伐，这里生态恶化，饱受风沙侵袭，沙进人退，曾是全国土地荒漠化和沙化危害严重的地区之一。近 70 年来，榆林市持续开展大规模治沙造林行动，实现了从沙进人退到绿进沙退的历史性飞跃。补浪河女子民兵治沙连自 1974 年建连至今，持续推进生态建设，效果显著，是榆林治沙精神重要的传承主体。规划以现有的沙漠生态治理成果为基础，保育生态基底；以补浪河流域的风土为脉络，梳理流域水文系统，宜水则水、宜林则林、宜田则田、宜沙则沙；以女子民兵治沙连的治沙精神为魂，形成治沙精神文化轴，强化空间秩序，同时完善配套服务设施，提升场地交通系统，构建集生态治理示范、研学科普展示、旅游度假标杆于一体的，具有沙漠园博园展示功能的“林田湖草沙”综合治理示范区。

景观效果示意

规划策略

现状水系分析

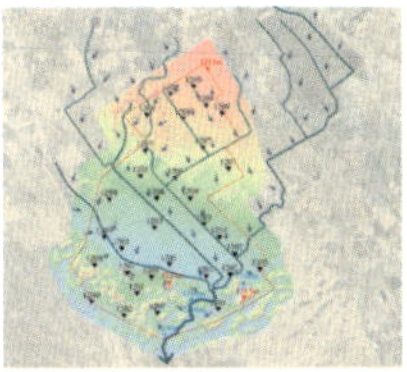

理水脉

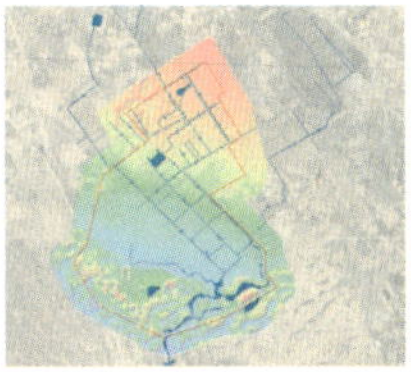

通游路

定轴线

育生态

营配套

充分考虑密林、疏林、沙丘、农田等资源，形成以农、牧、林、草、花、湿地、湖、溪等为生态主题的“一轴十二园”的规划结构

总体鸟瞰效果示意

效果示意

规划策略

“景水”（补水）不犯“河水”（排水），梳理并优化灌排结构，以应对长期水资源短缺与短期瞬时暴雨，构建稳定、体系化、低维护的生态系统

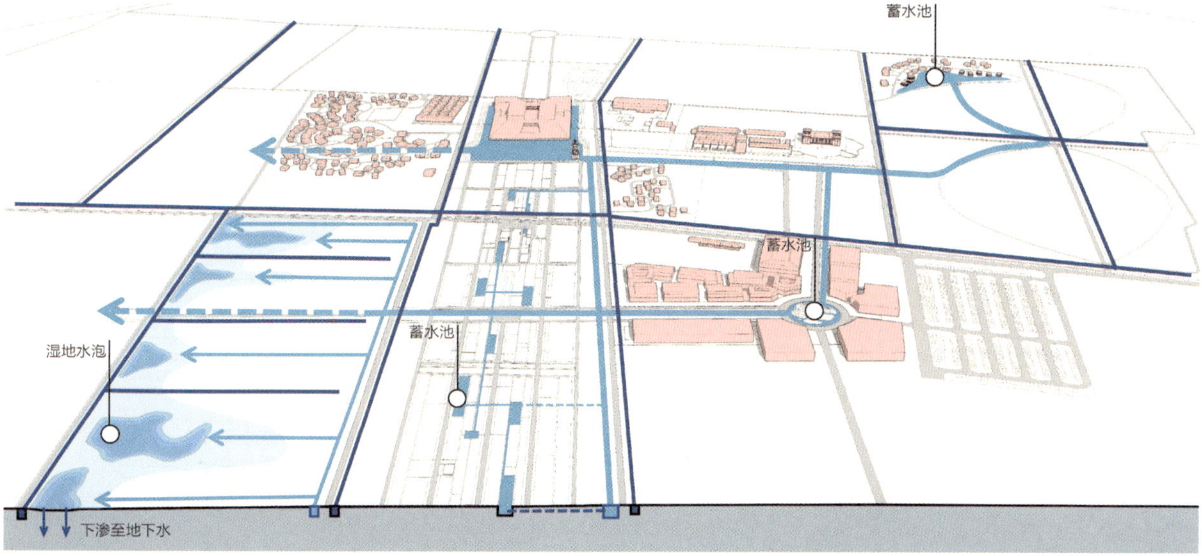

植物环境分析

从景观生态学的角度，综合场地条件、地形高差、植被覆盖等因素，科学营造植物群落，构建乔、灌、草、湿地植物多层复合的生态环境，在环境承载力的承受范围内合理增加绿量和景观层次

天津大黄堡湿地自然保护区总体规划

项目简况

天津大黄堡湿地自然保护区是天津自然保护地体系的重要组成部分。保护区落实国家“开展以国家公园为主体的自然保护地体系建设”的要求，开展整合优化工作，分类解决历史问题与现实冲突，由原来的核心区、缓冲区、实验区“三区”调整为核心保护区和一般控制区“两区”；基于整合优化成果，开展保护区规划编制工作，提出严格保护湿地环境、保护湿地珍稀物种、维护流域生态安全、构建“京津之肾”的目标；合理利用湿地资源，重塑津沽特色风貌，开展科普宣教活动，再现“渔苇之乡”。

保护区总平面图

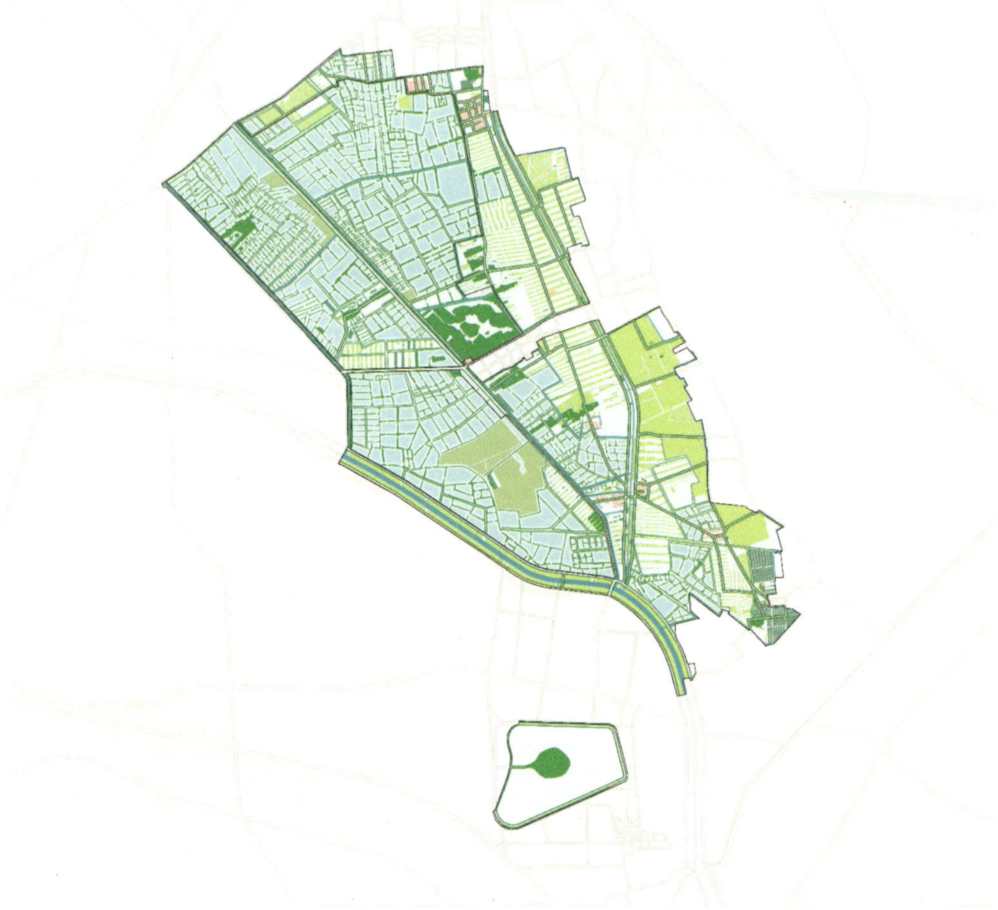

历次规划保护区范围划定

以保持生态系统的完整性为原则，整合自然保护地，实行差别化管理，协调矛盾，分类、有序解决历史遗留问题，科学调整范围，完善功能分区，细化管控要求

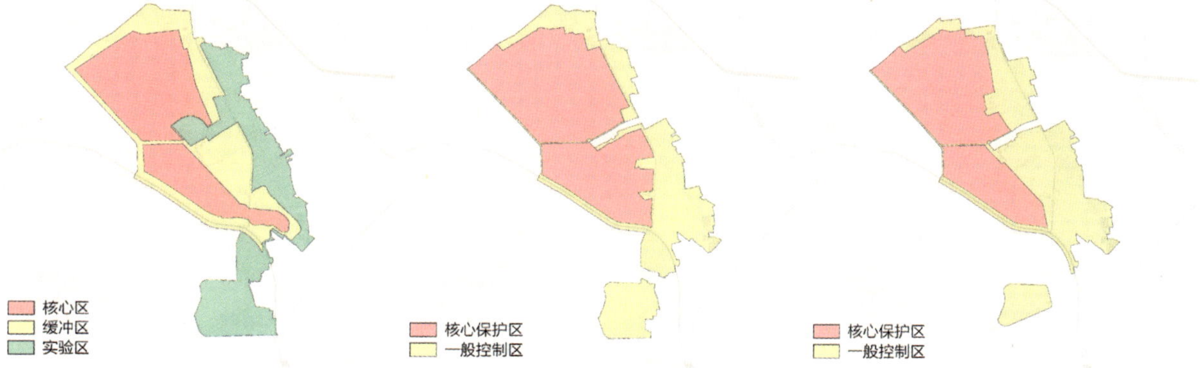

规划结构
一核、两区、四带、多点

水系统修复
保障湿地供水

水系统修复
连通湿地水系

生态空间修复
划定湿地修复单元

加强鸟类栖息地建设

游禽栖息地重点构建开阔的水面等生境类型，适当增大水深，吸引游禽活动，依据游禽的取食深度合理设置近水浅滩、泥滩，满足其觅食需求

涉禽栖息地重点构建浅滩、泥滩等生境类型，形成水陆交替的浅滩生境，依据不同涉禽的取食深度设置不同水深的浅滩，满足其生存需求

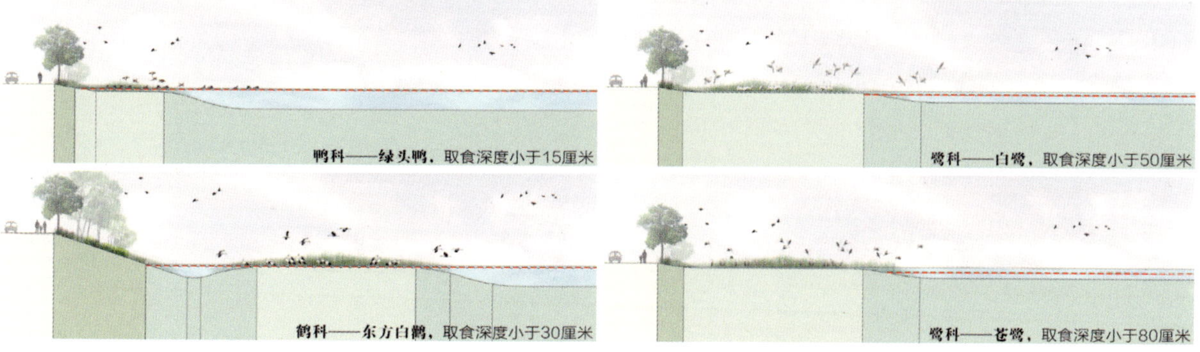

于桥水库分区规划及水库南岸风景区概念规划

项目简况

项目位于天津市蓟州区东北部，在蓟州区于桥水库及周边永久性保护生态用地范围内，生态保护区总面积约为 442 平方千米。项目的核心目标是实现水源地及周边区域生态保护修复与镇村生活生产之间的协同，通过村镇发展与产业转型，降低生态影响，改善生态环境。项目以由水库常水位线和南侧山脊线围合的流域单元为界，占地面积约为 70 平方千米。在库区进行环境治理、移民搬迁后，修复并重构在地生态环境系统，打造低影响生产型景观，实现生态效益与经济效益共赢。规划提出了“内部控制、外围配套”“尽端截流、绿色换乘”“近期涵养、远期开发”三项设计原则，构建“一路一带、四镇四区、多园多点”的空间结构。

于桥水库建设历史及库区周边村落变迁

1959 年

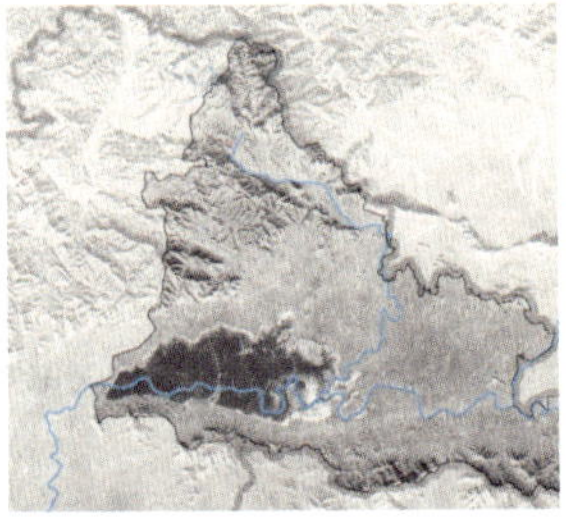

1960 年

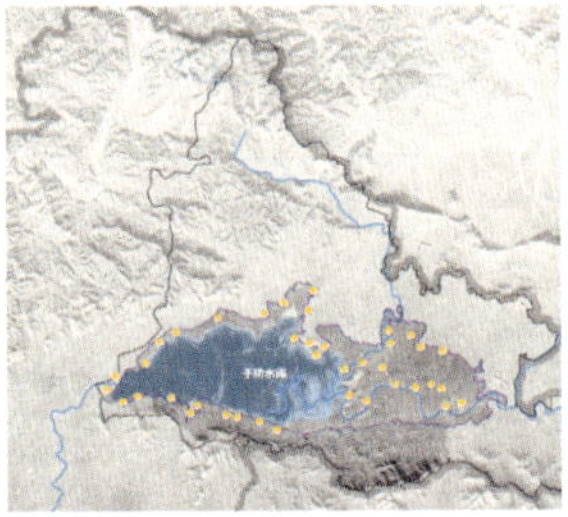

1982 年

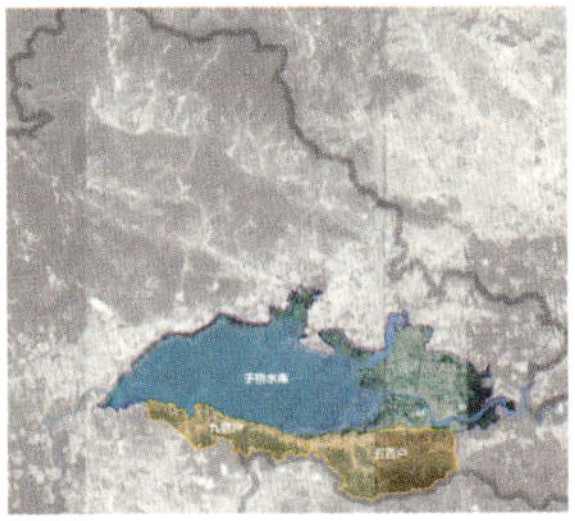

兴建水库

1959 年，天津市为治理海河流域洪涝灾害兴建防洪水库，1960 年完成第一期工程。

1982 年，为解决城市缺水问题，天津市兴建于桥水库作为“引滦入津输水工程”的调蓄水库，库区范围内全部乡镇的 2.38 万村民搬迁，被安置在水库南岸的九百户和五百户 2 个乡镇

2010 年

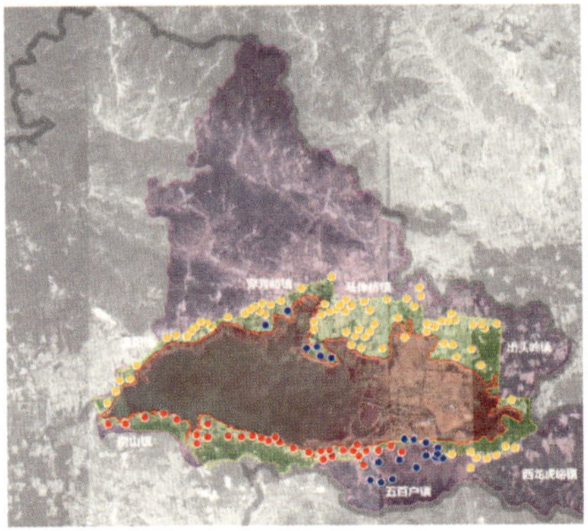

2014 年

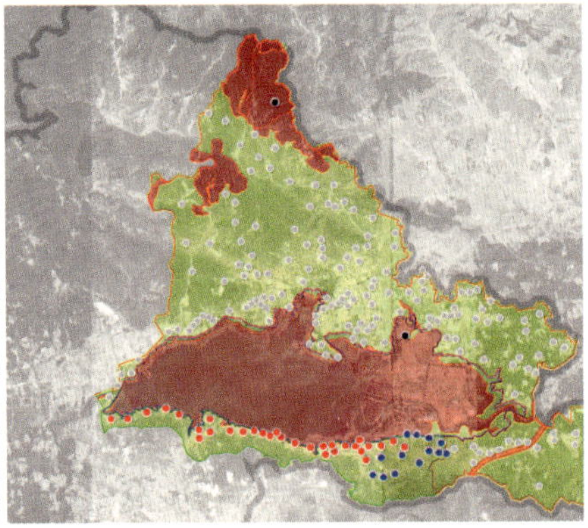

水源保护地

2010 年，天津市实施于桥水库水源保护工程，划定一、二级保护区及准保护区，实行“南迁北管”政策，对 50 个村庄、3.2 万人进行搬迁，统一安置于蓟州新城，对 77 个村庄、8.43 万人进行生态管控。

2014 年，天津市政府划定永久性保护生态区域，将于桥水库一级保护区确定为红线区，将二级保护区及准保护区确定为黄线区，对红、黄线区范围内的所有建设活动进行严格管制。库区周边 10 个乡镇、203 个村、13.8 万人的生产生活受到严格制约

于桥水库历次规划保护区范围划定

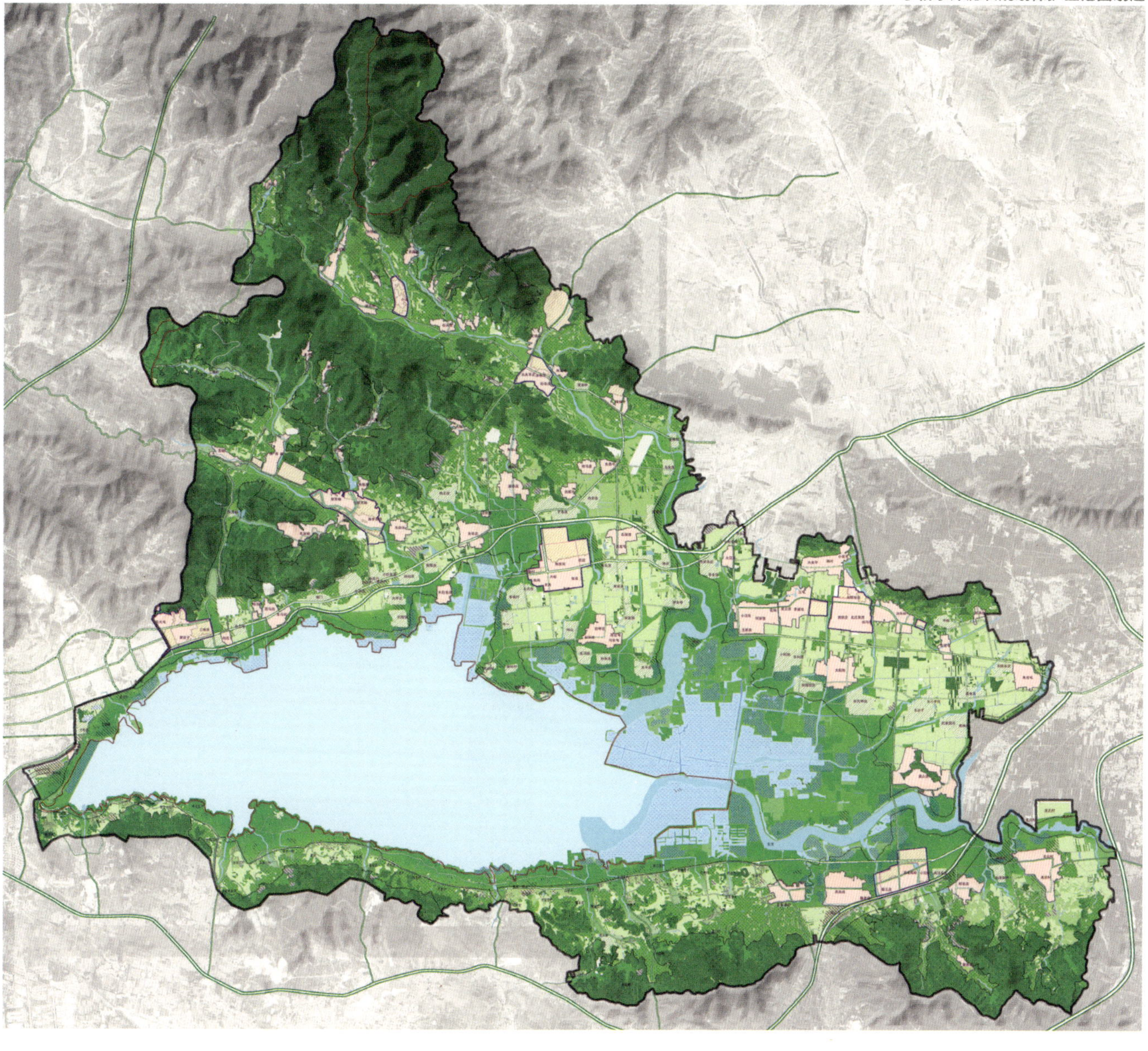

生态空间

构建灰绿基础设施
重构生态安全格局
植入景观游憩系统

灰绿基础设施示意

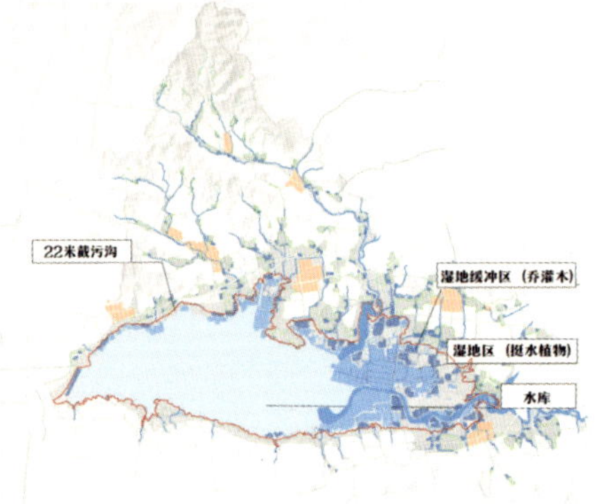

生态格局示意

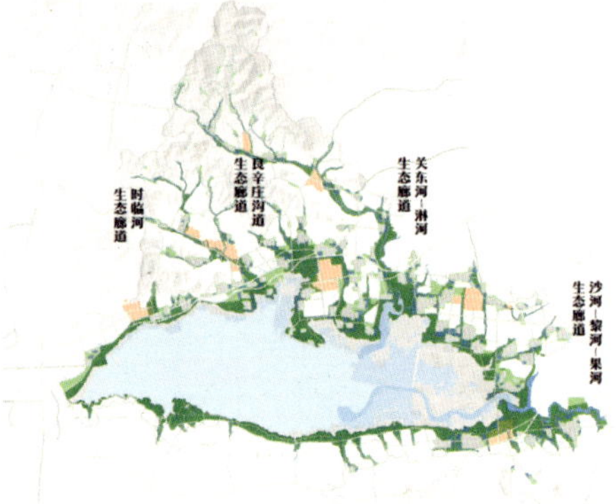

生活空间

绿色交通引领发展
镇村分级分类引导
严控建设用地边界

村庄分类示意

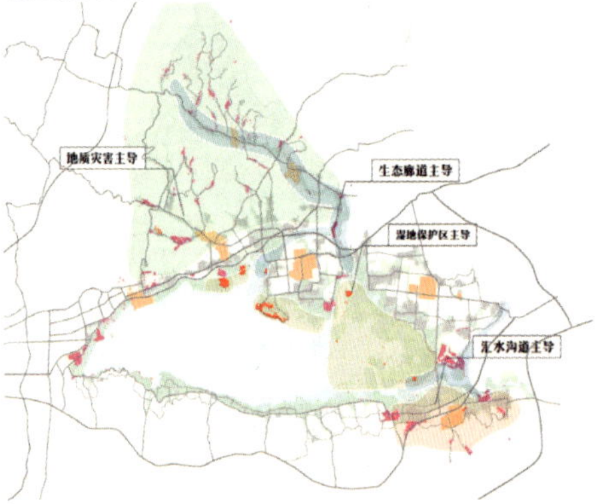

村镇格局示意

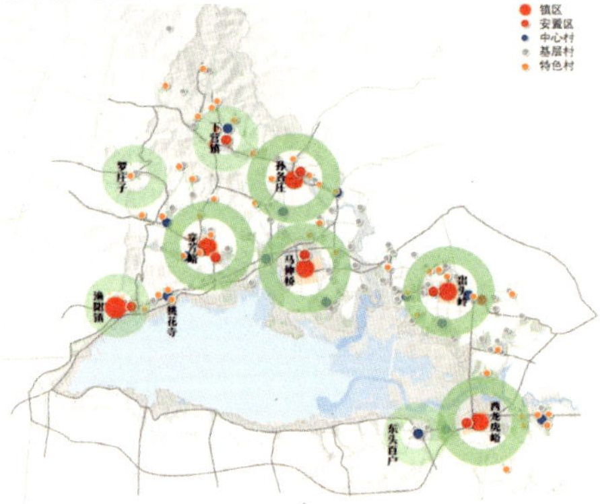

生产空间

一产升级 三产做强
二产退出 严控准入
近期涵养 远期预留

交通导向示意

产业格局示意

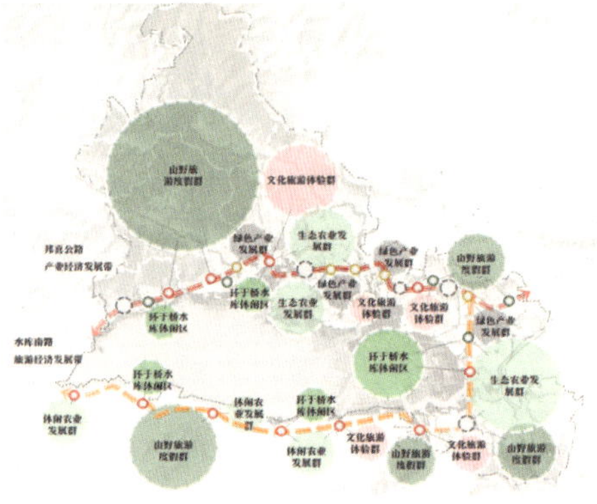

水库北岸——邦喜线生态友好型产业融合发展经济带

一轴两核：以邦喜线为主轴，连接渔阳、穿芳峪、马伸桥、出头岭 4 镇，形成邦喜线产业经济带发展主轴线；

以马伸桥、出头岭镇域为核心，构建镇域行政、经济、文化、产业服务配套中心，逐步发展成邦喜线产业经济带产业服务配套核心

六带联动：打造交通服务、田园景观、休闲观光、民宿产业、绿色农业、环保示范六大复合功能带，通过六带联动发展夯实邦喜线产业经济带

纵深牵引：通过主轴向津围二线、马平公路、天台山路、马营公路、水库东路等支线纵深牵引，形成产业带辐射效应

多点支撑：保护与发展并重，强化产业节点的带动作用，成为邦喜线产业经济带发展的主要支点，重点发展桃花寺特色村、毛家峪长寿度假村、紫云水岸香草园、蓝莓小镇、西葛岑特色村、大汪庄生态农业观光园、大安坪桃花源、蘑菇梦工厂、冷链物流基地、五清庄民宿小镇等项目

水库北岸空间格局示意

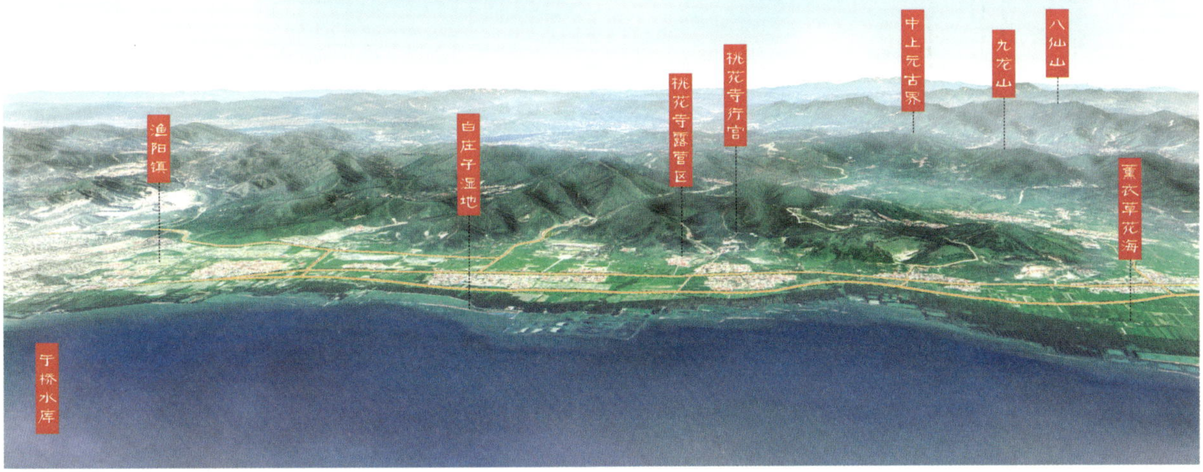

规划结构

水库南岸规划效果

水库南岸规划总平面图

水库南岸——生态涵养与山水公园综合发展带

规划以打造全球顶级的山水公园为核心目标，近期重点修复生态环境，打造公园核心景区；远期致力于成为承担首都外溢功能的高端公务、商务活动中心与京津冀“庄园式”高端总部及研发基地。基于近远期发展目标，规划沿水库南路建设南岸综合发展带，形成翠屏花谷庆典中心、青池半岛公务中心、湖畔花径运动公园、湿地辽塔养生村落四大核心景区。在水库保护区范围外，结合现状村落与对外交通节点建设四处特色旅游小镇，为核心景区提供旅游服务

交通组织示意

尽端截流、绿色换乘

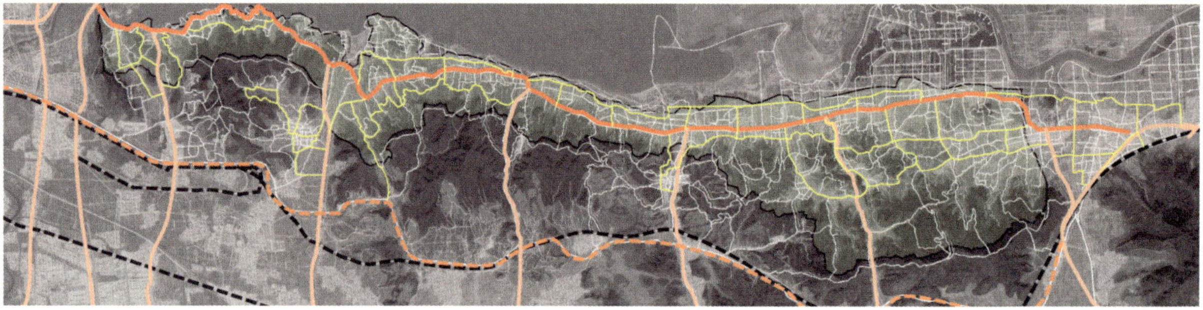

复垦保护示意

内部控制、外围配套

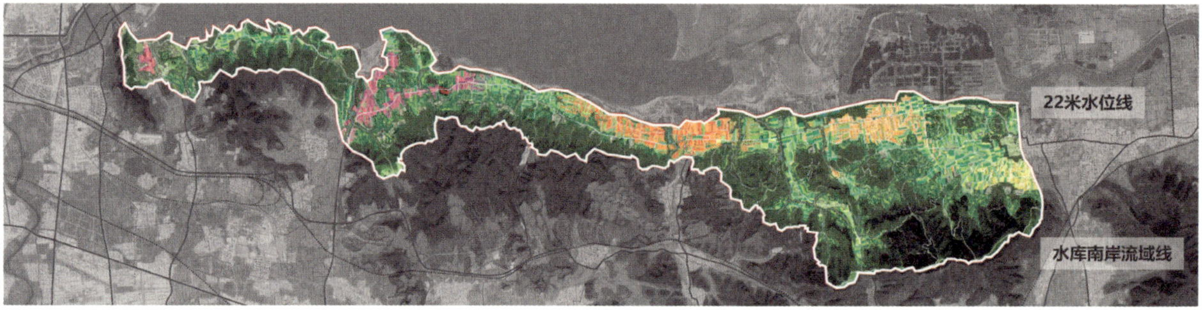

开发利用示意

近期涵养、远期开发

翠屏花海规划效果示意

桃园溪谷规划效果示意

玫瑰园规划效果示意

猕猴桃园规划效果示意

苗圃花园规划效果示意

服务中心规划效果示意

天津市蓟州区青甸洼田园综合体概念规划

项目简况

项目位于天津市蓟州区南部平原地区，以青甸洼蓄滞洪区为核心，涉及下窝头镇、东施古镇、侯家营镇三镇，总占地面积约为 165 平方千米。规划兼顾三农问题，统筹三生空间，构建京津冀生态发展创新区、绿色农业集聚区、乡村振兴示范区。

“+ 生态 & 生态 +”策略

严守生态底线，增强蓄滞洪功能，恢复生态系统；利用生态资源，挖掘水景观功能，生态引领发展

“+ 农业 & 农业 +”策略

提升农业价值，建设蓟州绿色农品标准化生产基地；三产融合发展，打造环青甸洼休闲农业旅游综合体

“+ 旅游 & 旅游 +”策略

结合生态保护与农业发展，多元化开发旅游；培育激活新型乡村产业，带动乡村振兴发展

生态保护红线分布

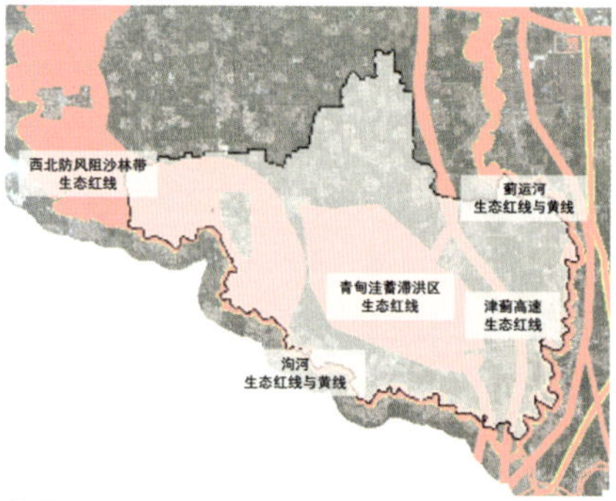

农业空间资源分布

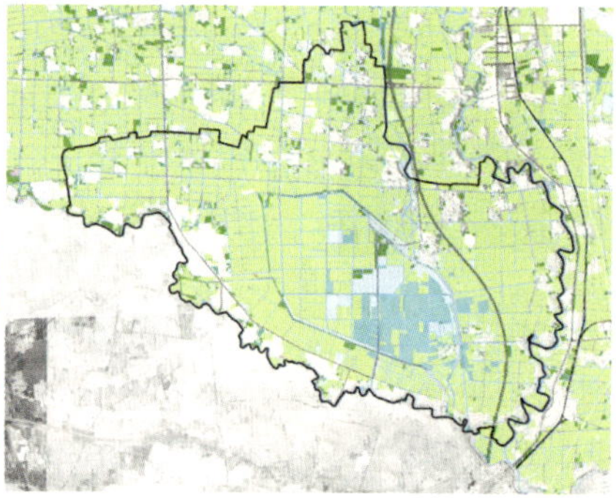

乡村发展类型分布

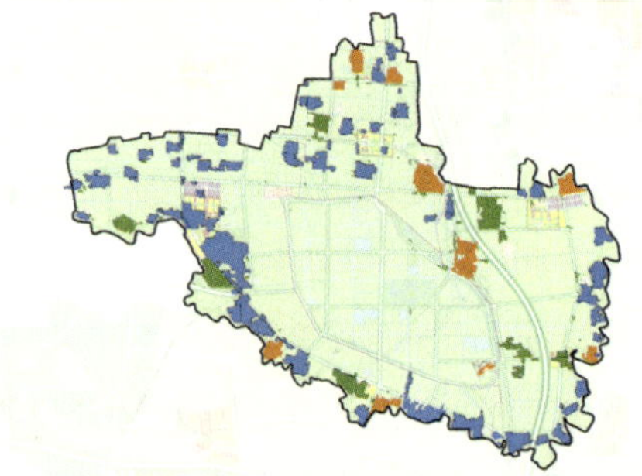

蓄滞洪区水文分析

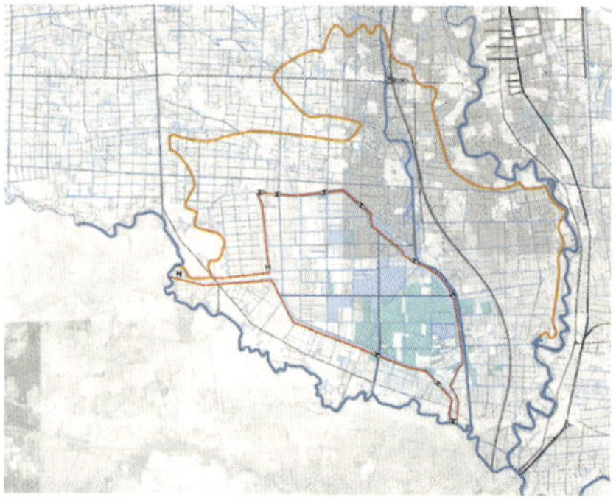

农业综合体格局分析

乡村振兴格局分析

青甸洼田园综合体概念规划总平面图

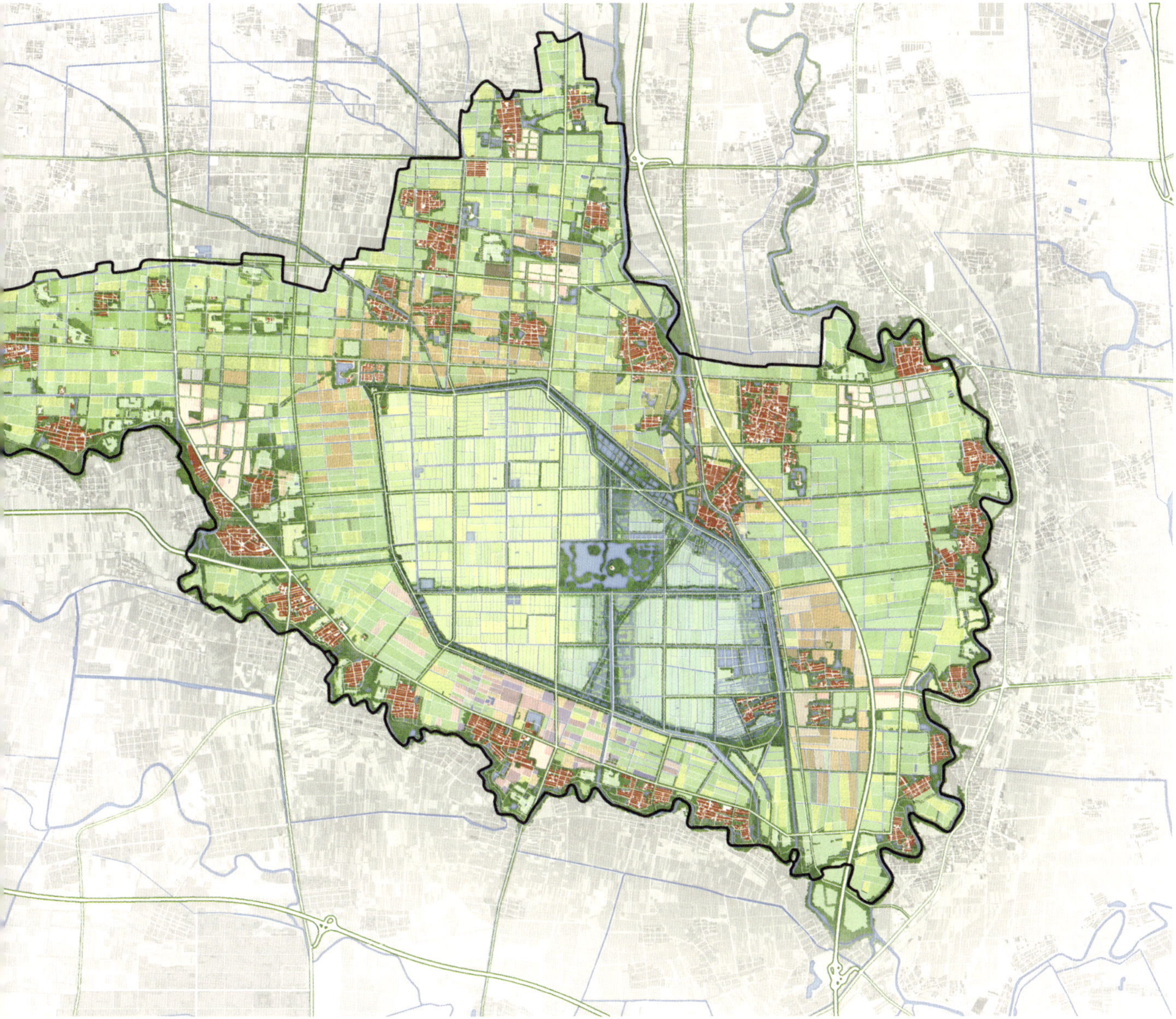

区域发展格局与节点详细设计

结合蓄滞洪区地形特征和周边村落分布，打造一淀、一环、多园、多点的空间发展格局。结合青甸洼生态涵养区打造休闲旅游核心，围绕淀区打造多元化的休闲农庄发展环，串联由周边村落和农业空间组成的旅游服务综合体和休闲农业庄园

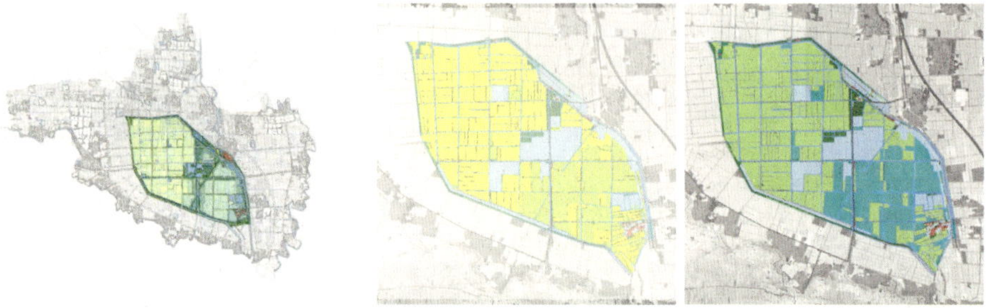

一淀

左：青甸洼生态涵养区
中：生态农业种植区
右：湿地景观核心区

一环

左：休闲农庄发展环
右：环青甸洼休闲农业发展集群

多园

左：休闲农业庄园
中：村庄现状
右：主题休闲农业庄园

多点

左：农业旅游服务节点
中：青甸村田园旅游综合体
右：向阳村运河水村综合体

围埝改造

现状

改造效果示意

鱼塘改造

现状

改造效果示意

稻田改造

现状

改造效果示意

03

大型生态廊道与生态单元规划与设计

PLANNING AND DESIGN OF LARGE SCALE ECOLOGICAL CORRIDORS AND ECOLOGICAL UNITS

生态廊道是构建大景观生态网络的重要带状空间，连接孤立或分散的生态单元，具有维护区域生态安全、维护生物多样性、休闲娱乐等多重功能。

河流廊道作为连接山海的关键生态脉络，不仅是众多城市的源头，更是塑造城市生活的自然力量。如何实现从“工程治水”到“生态治水、活力治水、文化治水”的跨越式转变，从而完成城河共生逻辑下的城市空间再造？从“刚性抵御”到“柔性共生”：以河流廊道为骨架提领生态环境修复，积极重塑自然河流，加强通河绿道建设，带动消极地区更新，实现对城市土地价值提升的带动。从“城河分割”到“活力相融”：打破物理分割，充分体现河流两岸与城镇布局相互依存、城水相融的关系，构建开放可达、复合多元的城市活力重要载体。从“文化散点”到“串联激活”：以文化为脉络，发挥历史建筑、旅游地标、文化建筑等的集群效应，与新型产业发展相融合，在延续历史的同时成为城市高质量发展的纽带。

对屏障型生态廊道及景观生态单元，并不局限于单一景观系统的营造，而是从区域生态安全格局的视角，基于对本土景观系统的识别、解读与研究，借鉴乡土景观营造经验，探索营建地域性、复合型的生态景观空间，让“宜林则林、宜田则田、宜水则水、宜湿则湿”的原则得到充分体现。

河流廊道

1:200000

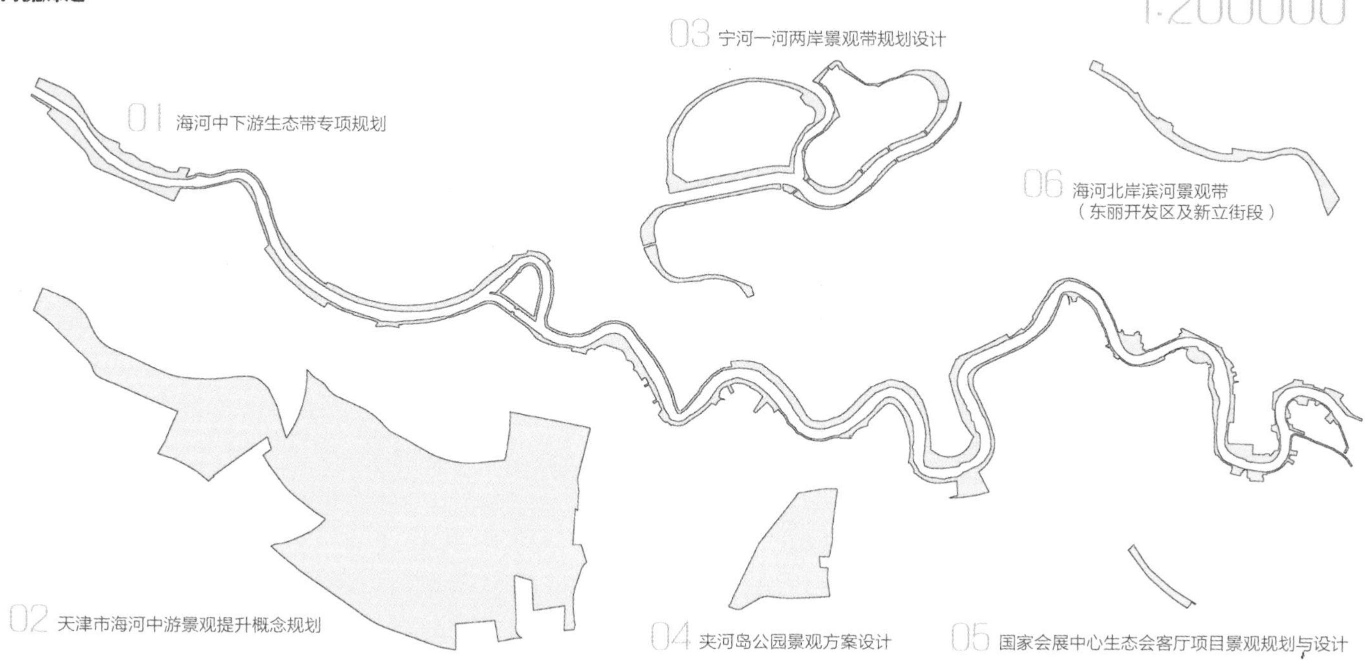

屏障型生态廊道

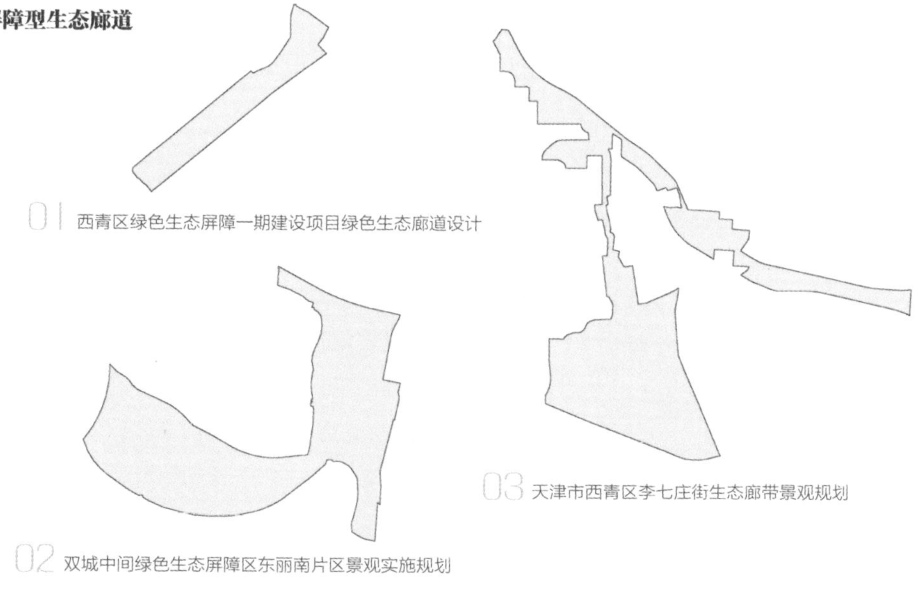

景观生态单元

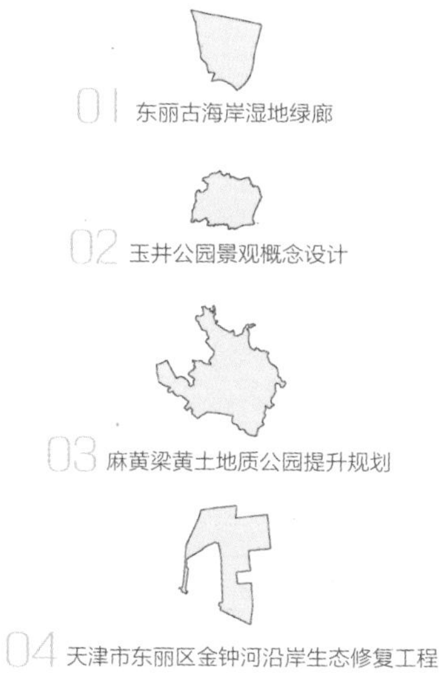

河流廊道
RIVER CORRIDOR

海河中下游生态带专项规划

项目简况

海河是天津的发源地，全长约为 73 千米。海河上游段经过近 20 年的规划实施，两岸开发建设成效显著；而中下游两岸的生态带，总面积约为 14.5 平方千米，辐射周边 65.6 平方千米的待开发城市空间，在贯彻新发展理念、对标生态文明建设要求等方面还存在不足。未来若形成安全标准进一步提升、生态效应更加显著、文化特征更加凸显、公共空间更加开放的城市发展轴线，则应从宏观角度统筹考虑京津冀地区甚至流域尺度水资源、水安全、水环境、水生态等方面的协同发展，打造具有国际一流水平的“安全、生态、活力、文化”的复合型都市滨水空间，让海河成为天津城市高质量发展的主轴。

海河区段划分

海河（干流）西起子牙河与北运河汇流处，自西向东流经天津市中心城区、津南区、东丽区、滨海新区，经海河防潮闸入海

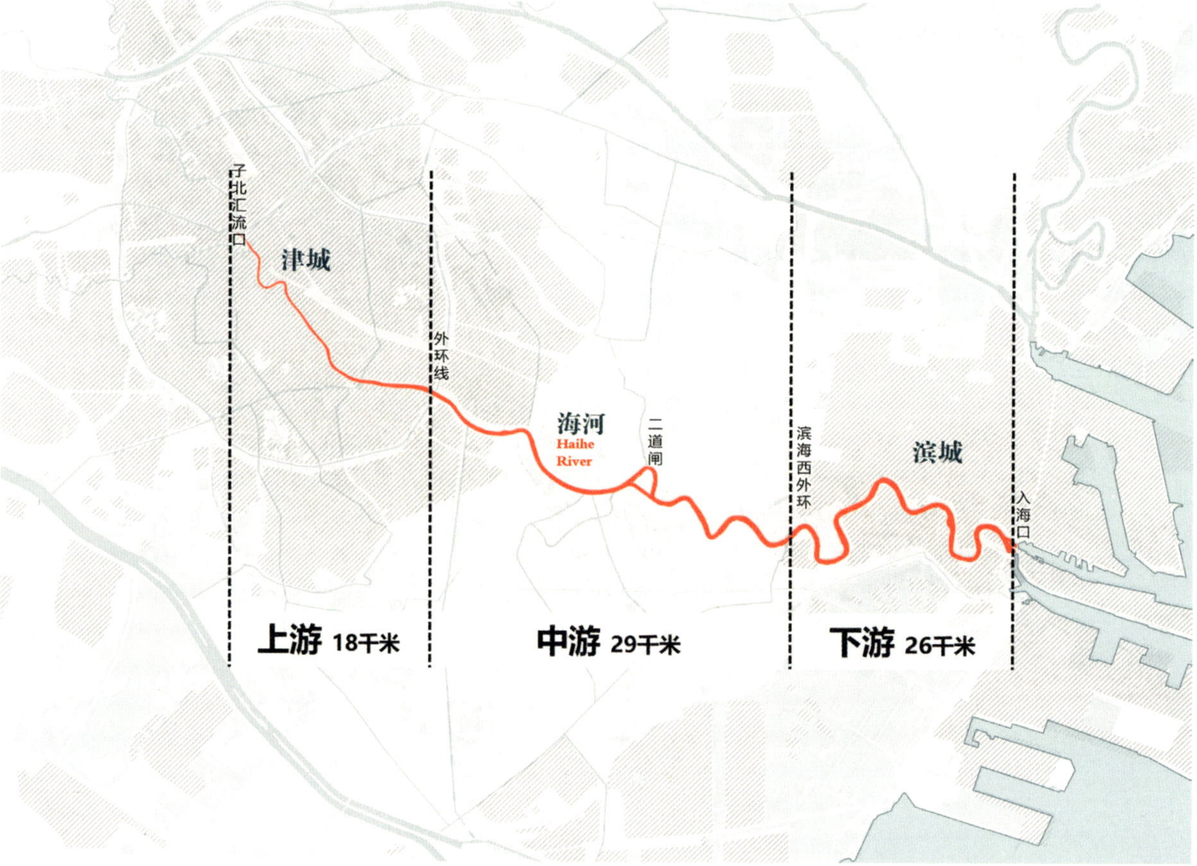

海河的3大价值

- 环渤海–海河流域生态文明价值
- 天津的母亲河
- 天津建设世界级滨水城市的重要载体

海河的4大角色

- 安全保障
- 生态基底
- 文化纽带
- 活力载体

海河发展的5大趋势

- 趋势一：安全韧性
- 趋势二：回归生态
- 趋势三：河城互动
- 趋势四：文化串联
- 趋势五：活力振兴

6大问题　　6种策略

6大问题	6种策略	
防洪安全	固河堤	海河是城市的重要组成部分，防洪安全是设计和建设须遵循的底线和原则
生态缺乏	绿河廊	树立生态为先的理念，以海河沿线生态建设为契机，保育好城乡生态基底
绿道断连	通游路	建设连续贯通的堤顶通道、慢行通道，提高滨水空间的亲水性，构建水上游线
城河割裂	联城市	充分体现城水相融关系，彰显城市滨水特征，加强与腹地生态网络的联系
活力不足	营配套	设置满足生态功能需求、与生活相关的各类配套设施，提升生态带的服务水平
文化散点	塑文化	延续和传承河道及两岸的历史和文化传统，丰富沿岸的文化和公共活动

4项理念

安全韧性

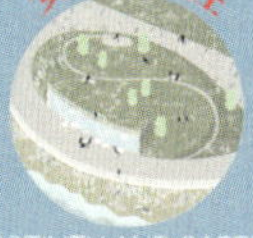

DUCTILITY AND SAFETY

【安全的水岸】

回归生态

BACK TO NATURE

【生态的水岸】

城河交融

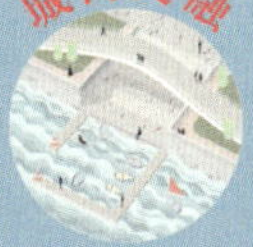

CITY & RIVER BLEND

【活力的水岸】

文化振兴

CULTURE REVITALIZATION

【文化的水岸】

规划策略

通过规划策略指导各片区的相关规划和建设，切实提升海河中下游的总体品质

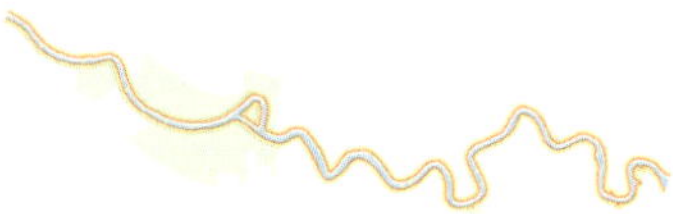

固河堤
打造人水共存空间，摒弃单一功能的防御性设施，从刚性抵御变为柔性共生

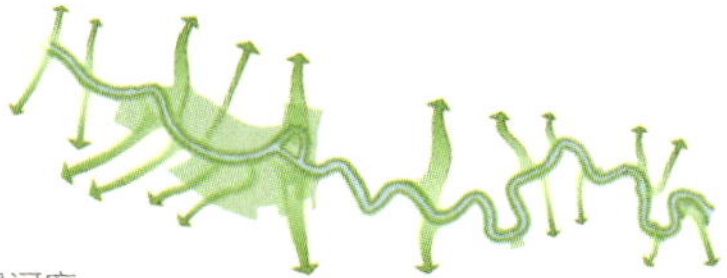

绿河廊
加强河道两侧生态空间的修复，转变传统治河观念，重塑生态堤岸，从工程抑制自然变为工程成就自然

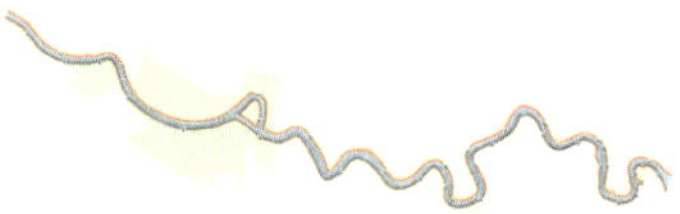

通游路
形成水上游线、慢行绿道、防洪通道三线贯通的格局，重点研究断点连通策略，从局部连通变为全线贯通

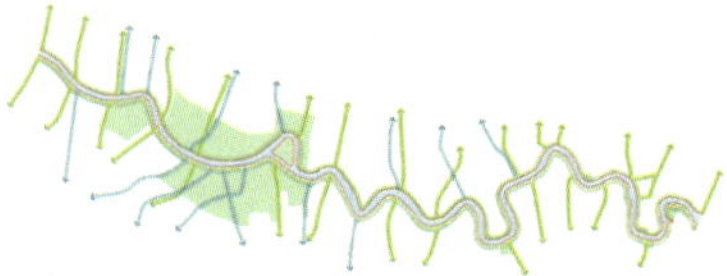

联城市
通过垂河通道联系腹地生态空间与滨水空间，形成生态空间网络，从临河不见河变为临河可亲河

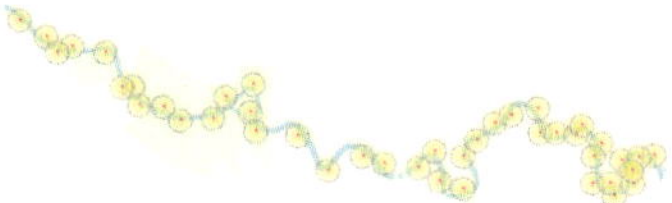

营配套
建立完善的环境游憩设施体系，提升公共服务水平，从粗放的全面铺开变为精细化的以点带面

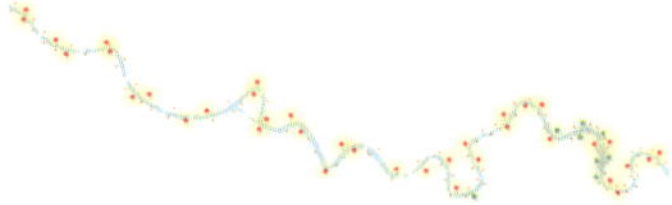

塑文化
强化历史文化节点活化利用，加强各类旅游资源整合，将对个体的独立保护变为全线节点的文化串联

空间格局

总体形成“一带、一芯、四岛、十六片区、多点多链”的空间格局

总平面图

重要的生态格局以及两岸的可开发空间使得海河中下游及两岸地区成为加快发展方式绿色转型、实现高质量发展的关键区域，海河中下游将成为新的发展主轴

功能节点

注重沿河功能与城市腹地之间的协同联动，未来海河中游将成为具有多元功能的公共空间集中分布的区域，以及市民休闲和城市形象展示的重要空间载体

堤岸改造模式

根据现状断面与空间尺度提出对应的堤岸改造模式，避免全线冰冷割裂的工程挡墙形式，发掘沿河空间生态自然、开放共生的内在潜力

堤岸改造模式剖透视示意

断点连通模式

重点研究因沿河单位、设施，跨河交通及支流河道阻隔形成的多处断点，有针对性地提出连通策略，实现堤顶路全线贯通

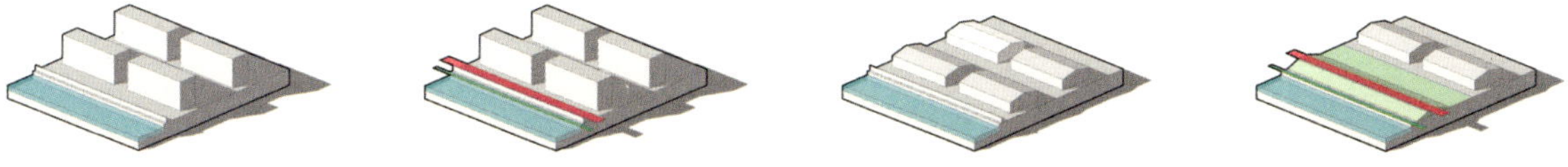

滨河无空间　河道架空亲水步道 高架防洪通道　可拆除形成开放空间　生态堤岸结合亲水步道与防洪通道

滨河建筑无法拆除搬迁　腹地绕行　船坞等特殊空间　增设高架通道

亲水空间模式

在满足防汛安全和管理便利要求的前提下，结合滨水空间整体设计，增加亲水平台、水上栈道、沿水台阶等设施，提高亲水性

架空平台　码头和栈道　台阶和坡道　亲水步道

堤岸生态化改造模式

对现有工程化堤岸进行生态化改造，提高生态护坡比例；提高公共空间绿地率，保证生态空间占比

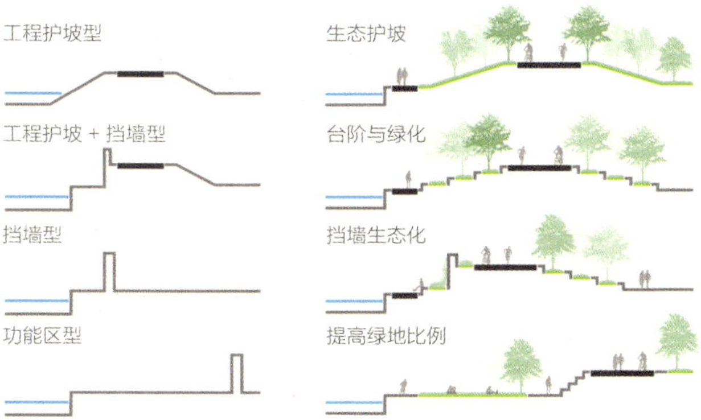

公共空间设置模式

整合腹地、滨水空间、水上空间，协调公共空间与防洪堤的关系，灵活设置功能活动场所

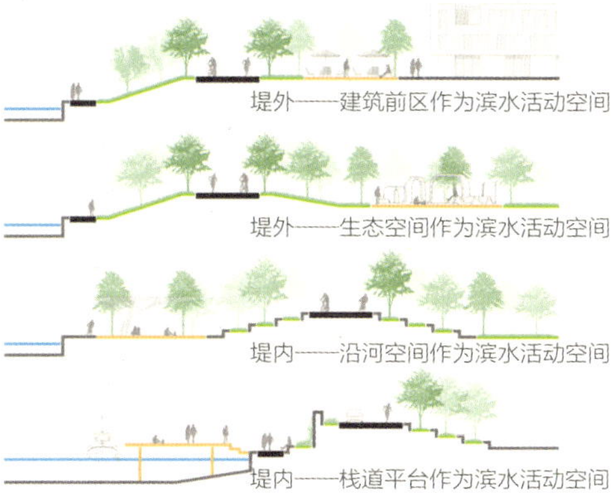

堤岸场景效果示意

滨河空间与公共功能场地结合

堤岸场景效果示意

滨河生态空间与城市空间的关系

生态堤岸与滨河农林空间模式

河 + 堤 + 林

河 + 堤 + 林 + 水

河 + 堤 + 村 + 水

河 + 堤 + 田

滨河村庄与周边农林用地

堤岸场景效果示意

塘沽南站——堤岸空间与文保节点

塘沽老城——空间严重受限的防洪堤改造

葛沽镇——空间不足的防洪堤改造

天津市海河中游景观提升概念规划

项目简况

海河中游片区位于天津市双城中间绿色生态屏障区的中心区域，是重要的空间发展轴线与生态廊道，总面积为 46.8 平方千米。该区域未来将成为城市新名片、国际新典范。规划通过以下六项主要策略形成以水为脉、以绿为基、以文化为魂的“生态、活力、文化、创新”综合水岸空间：梳理水系，打造海河水上游线；厚植生态，营造线性城市森林；多级游路，满足滨河慢行需求；多级驿站，满足游客服务需求；依托绿链，强化沿河片区联系；彰显特色，营造多元滨河空间。

项目总平面图

规划结构

一带、八片、多点、多链，以海河中游生态景观带为主轴，带动两岸生态片区建设，依靠城市连接绿廊向腹地渗透，生态服务节点融入其中

宁河一河两岸景观带规划设计

项目简况

天津市宁河区桥北新区滨河景观带是蓟运河两岸“两环一沿”的滨河空间，全长为 36.9 千米，总面积约为 421 公顷。规划重点打造蓟运河桥北新区段，形成 12 千米的绿环，作为市民休闲活动的河畔公园、城市蓄滞雨洪的城市海绵、生物迁徙栖息的生态走廊、市民游憩健身的游憩绿带、市民休闲娱乐的生活岸线、展示地域特色的城市窗口，景观带将被规划成城市文化新名片、地域特色风貌汇集区，以水为脉、以绿为基、以文化为魂、以生活为韵、以产业为载体，形成既强调生态、展现地域文脉，又富有生机、活力的综合水岸空间。

项目总平面图

防洪堤岸生态处理

结合现状地形创造性地提出不同的景观方案

防洪堤岸抬高——结合建筑

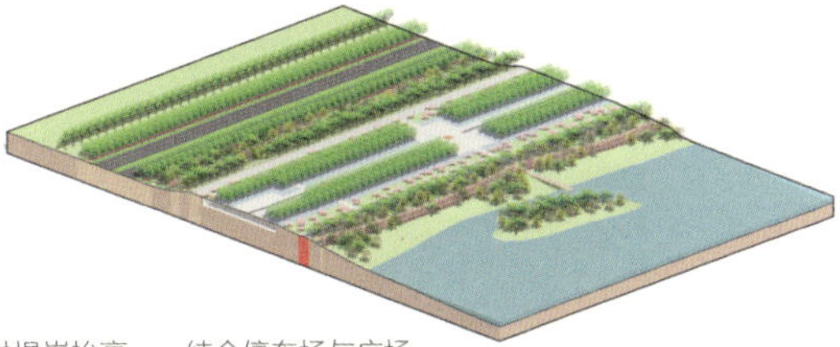

防洪堤岸抬高——结合停车场与广场

防洪堤岸后移——结合运动场地

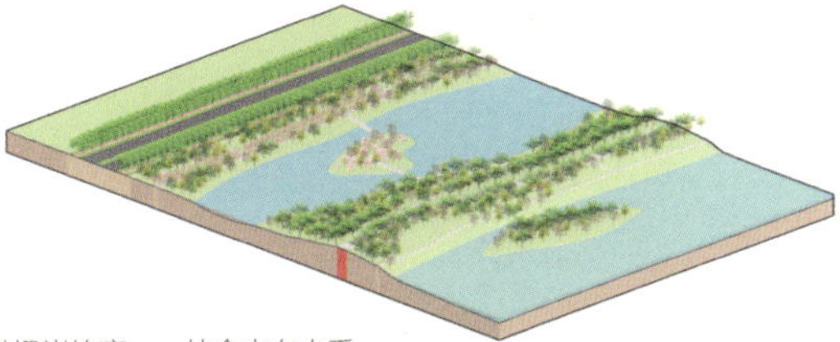

防洪堤岸抬高——结合内向水系

方案生成策略

理水脉、绿河廊、穿游线、置节点、提亮点、塑文化、联城市、带乡村

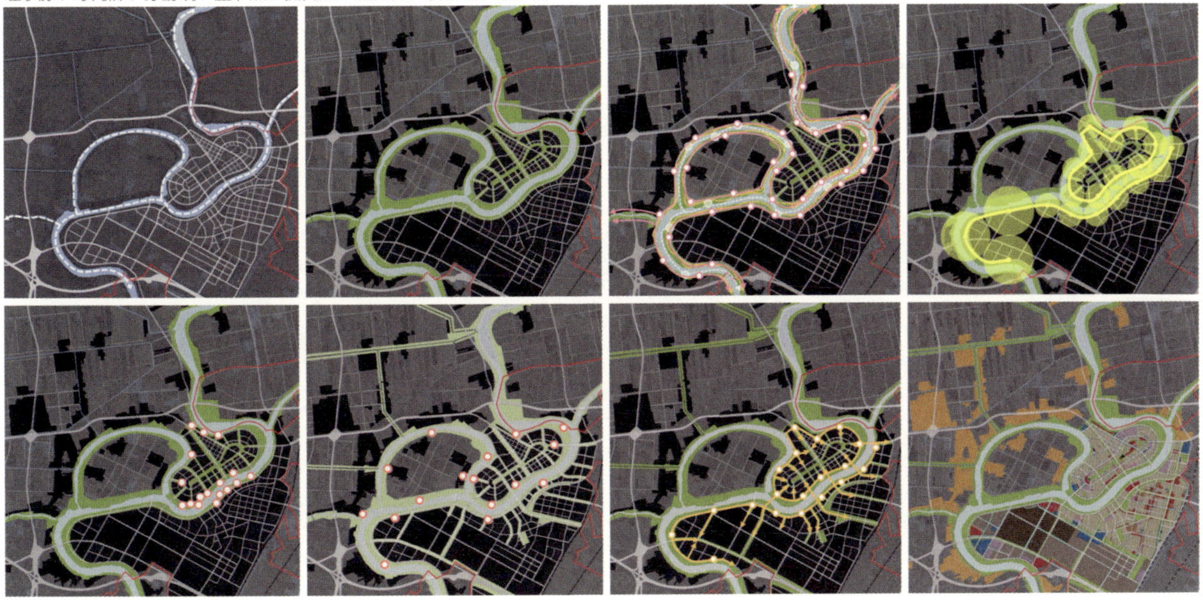

景观带与《潞河督运图》

再现河道上船舶穿梭的情形，河道两岸桃红柳绿，田园、房舍、店铺错落有致，随处可见游人、居民，一派繁忙的景象

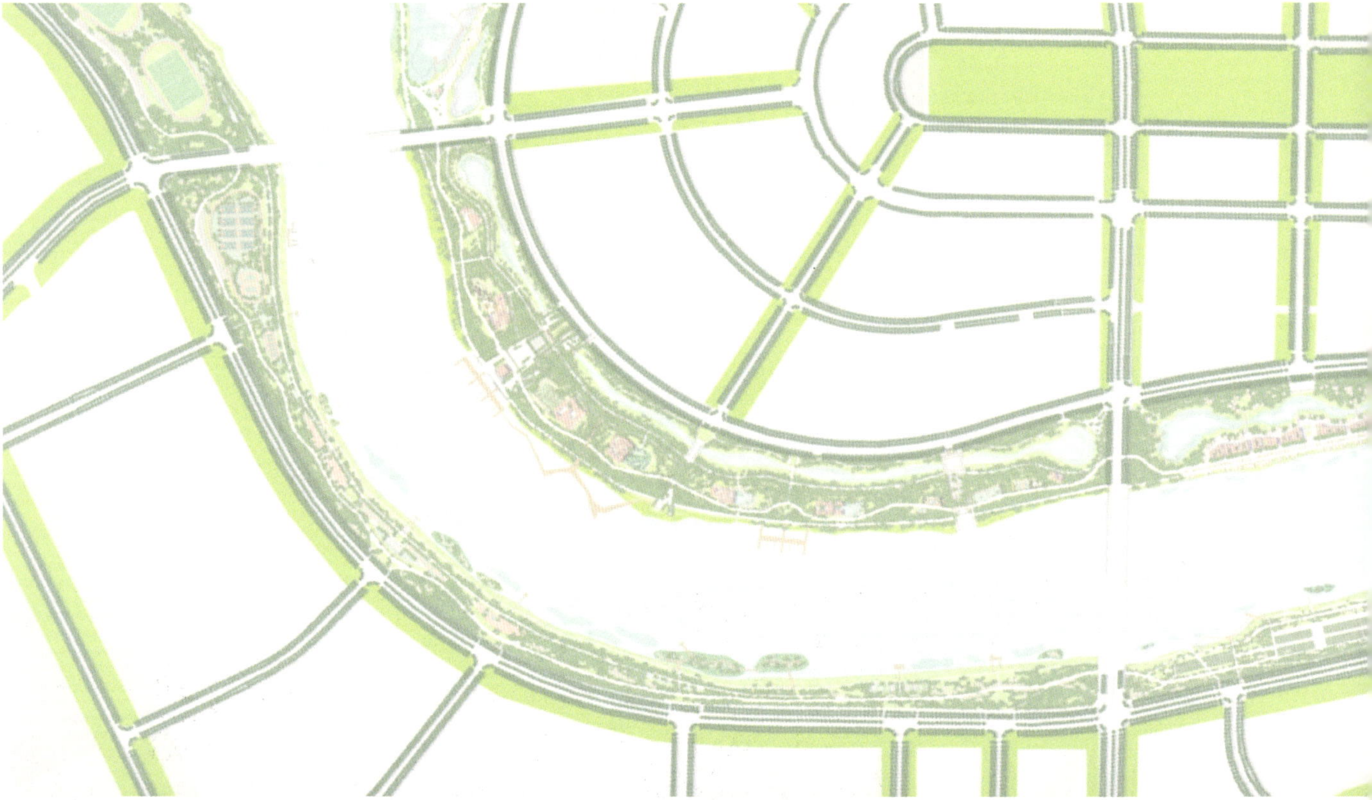

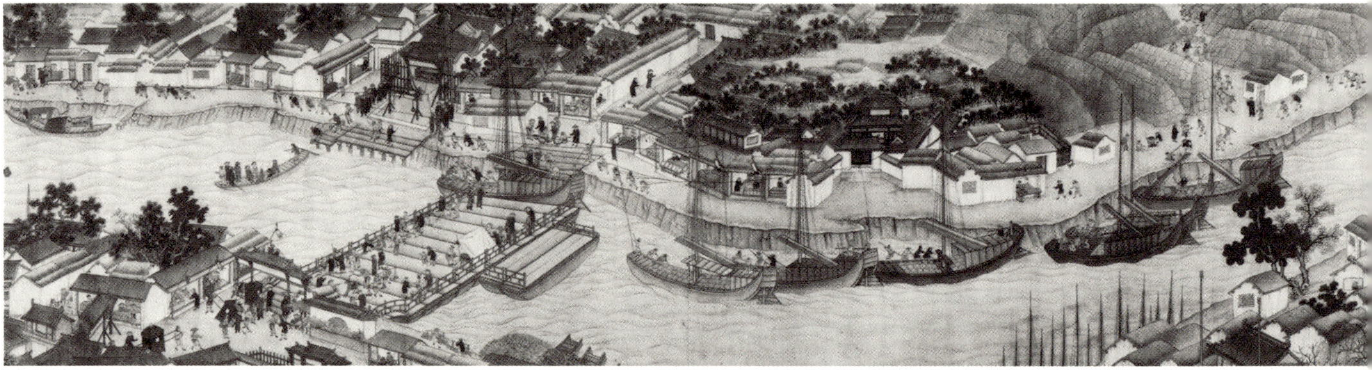

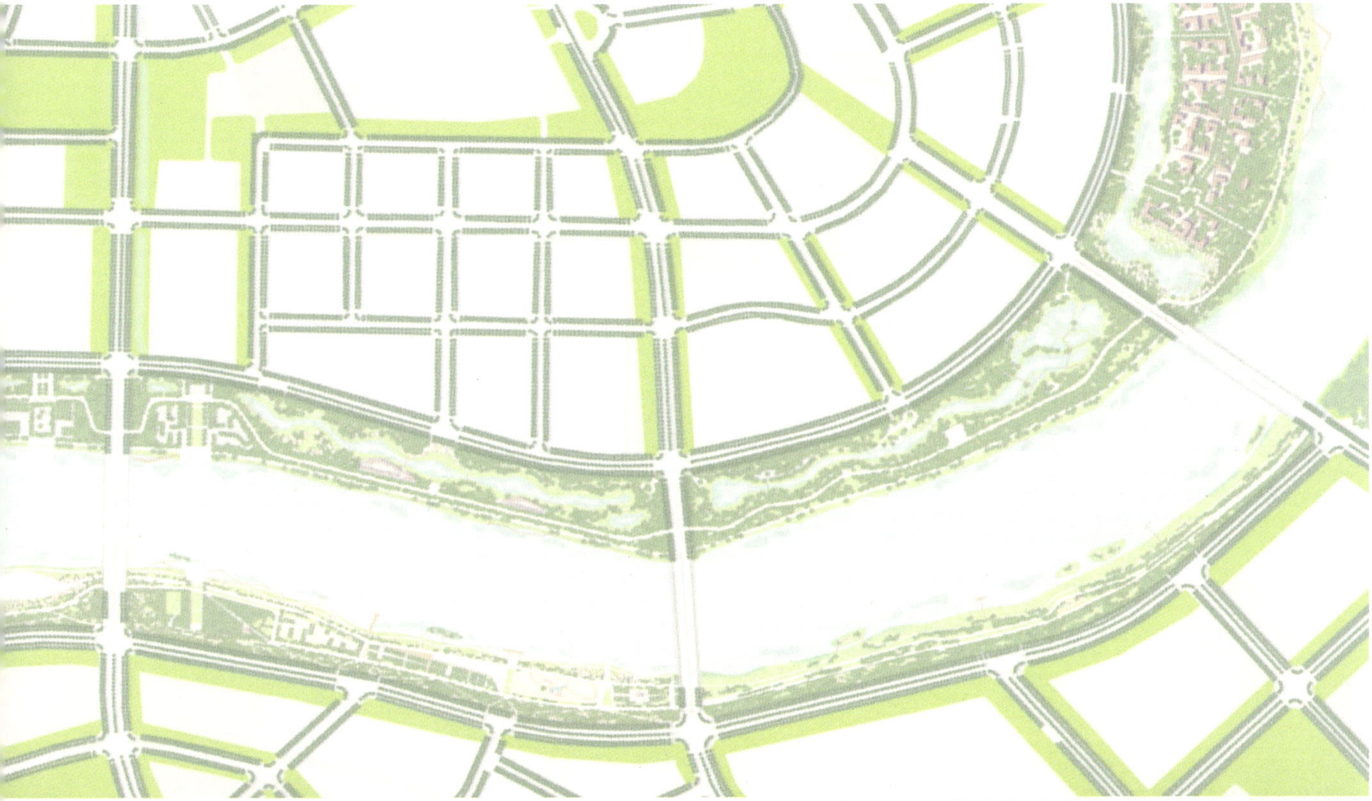

项目实景

项目实景

项目实景

项目实景

夹河岛公园景观方案设计

项目简况

项目地处烟台内外夹河交汇区域，位于大沽夹河“山海中轴” 中部，总面积约为 524 公顷。设计提出六大目标，强调重现自然河道，构建基于水文动力学的河道形态；营建多样生境，满足生物栖息需求；结合现状农田，发展都市农业；融入山水格局，绘制城市山水人文画卷；植入多元空间，提升区域活力；植入艺术主题，促进文化发展。项目包括夹洲听鹊、沽河绿屿、清洋碧流、文化展园、储备用地、都市农业、户外营地、运动竞技这八大主题空间，将有力优化区域生态格局，增强生态服务功能，成为富有活力的都市生态绿心。

项目鸟瞰效果示意

基于水文动力学，丰富河流地貌，重现自然韧性河道

生态谷——外夹河

生态谷——夹岛尖

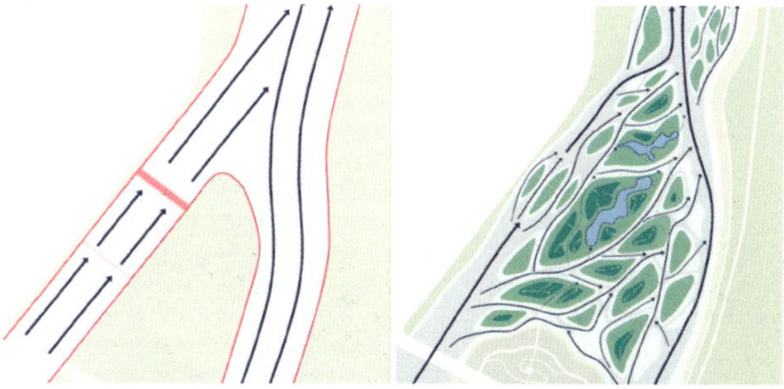

总平面图

不同水位效果示意

景观效果示意

景观效果示意

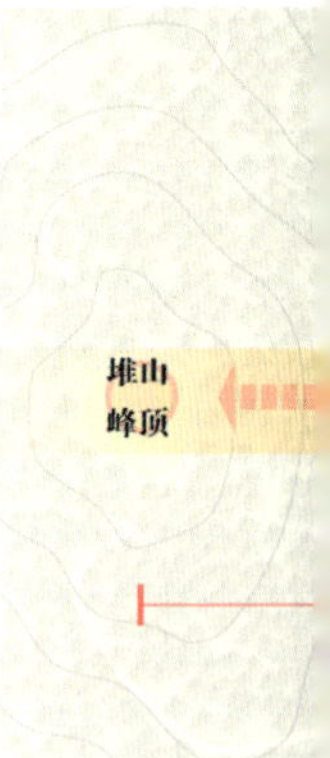

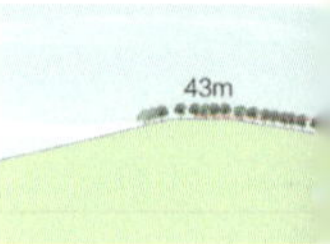

国家会展中心生态会客厅项目景观规划与设计

项目简况

国家会展中心生态会客厅项目地处海河中游、天津市双城中间绿色生态屏障区的核心区，位于国家会展中心与海河之间，总面积为 44.2 公顷。基于国家会展中心的窗口展示作用，项目将成为展现天津新形象，具有生态屏障建设示范点、国家会议会展功能外溢区、滨河水岸空间样板带等多重功能的生态会客厅，成为“生态、安全、活力、创新”的综合性水岸空间。设计运用乡土技术，重塑场地林水草生态系统，完善区域生态安全格局；进行堤岸生态改造，兼容多重复合功能，从刚性抵御到柔性共生；强化城河联系，强调隔岸呼应，让生态空间“客厅化”，从城河分割到兼容共享。

主轴线设计

巧妙处理竖向高差，构建由主展厅至海河的景观空间序列（上：效果示意，中：平面轴线分析，下：断面视角分析）

效果示意：强化城河联系、强调隔岸呼应

主展厅与海河对岸形成空间呼应，让海河成为国家会展中心的生态入口

效果示意：生态空间“客厅化”

场地布局充分考虑日常场景与会议会展场景的兼容性，使滨河景观带升级成国家会展中心的生态会客厅

堤岸改造策略

现状堤顶示意

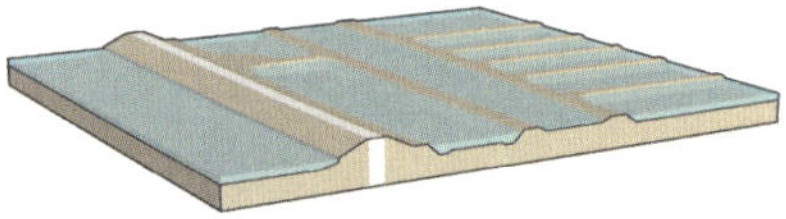

老堤外侧修筑具有防洪及游览道路功能的新堤

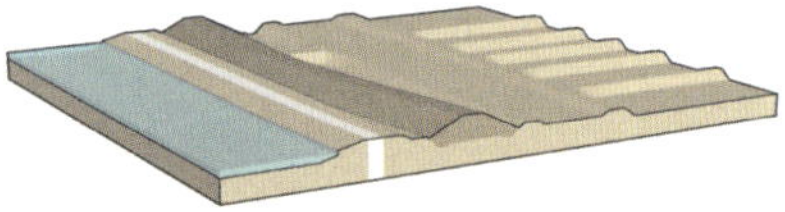

新老堤之间形成生态缓坡

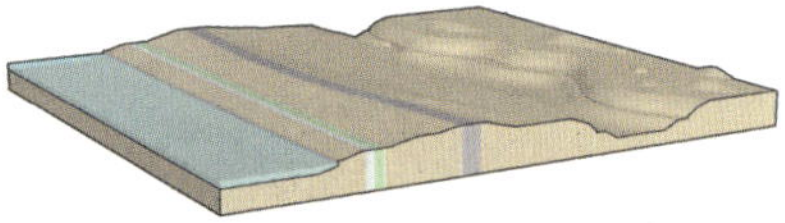

老堤变为亲水绿道，新堤形成景观化游览道路

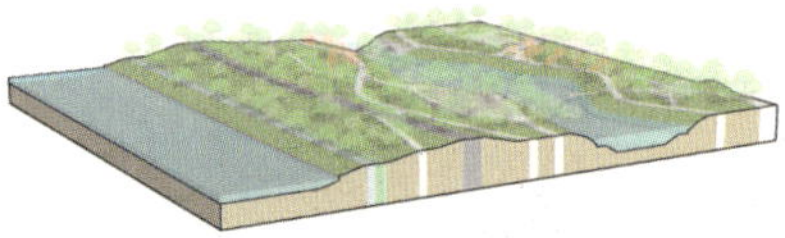

现状堤顶实景

堤顶改造效果示意

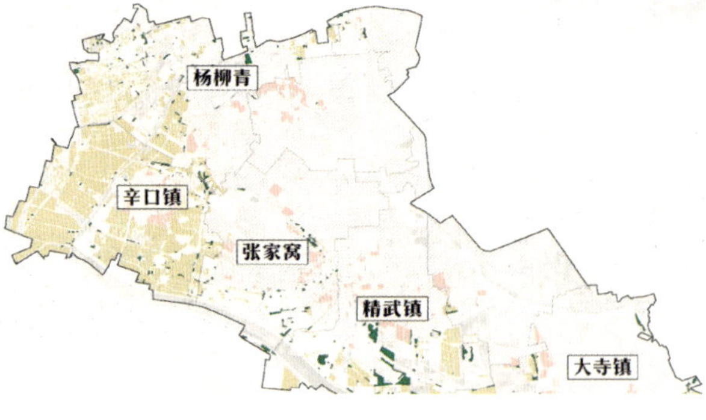

生态重塑

场地与防洪堤之间的生态溪谷作为湿地海绵，与周边的雨洪管理网络相连，形成湿地河网体系，构建具有区域调蓄雨洪能力的生态基础设施

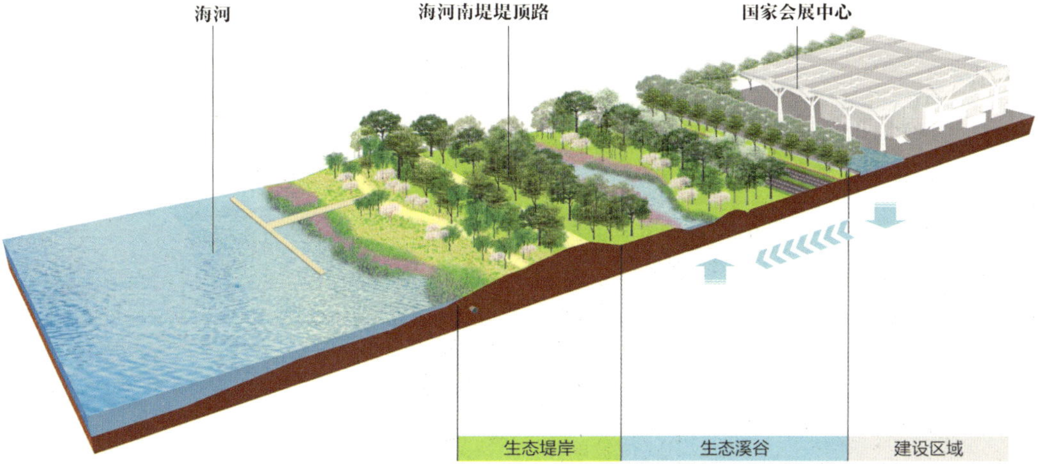

地形重塑

在现状低洼地貌的基础上，挖土成塘，垫土成台，减少客土需求，在高处台地栽植乔木，在低处坑塘种植湿地植物，形成溪谷森林空间、水绿交融的生态带（上：现状地形示意，下：改造地形示意）

空间场景效果示意

景观施工过程

海河北岸滨河景观带（东丽开发区及新立街段）

项目简况

海河北岸东丽开发区及新立街段隶属天津东丽区，是海河中游环外的起始段、东丽区南部门户。片区位置西接中心城区环内天钢柳林段（中心城区外环），东接天津市双城中间绿色生态屏障区（宁静高速），总面积为 171.7 公顷。为提升海河中游滨河景观品质及海河北岸城市形象，启动景观规划设计与城市设计工作。规划提出“回到海河边”的概念，以水为脉、以绿为基、以文化为魂，塑造“生态、活力、文化、创新”的综合水岸空间，打造滨河景观带、生态活力带、创新服务带。

项目鸟瞰效果示意

项目总平面图

规划结构

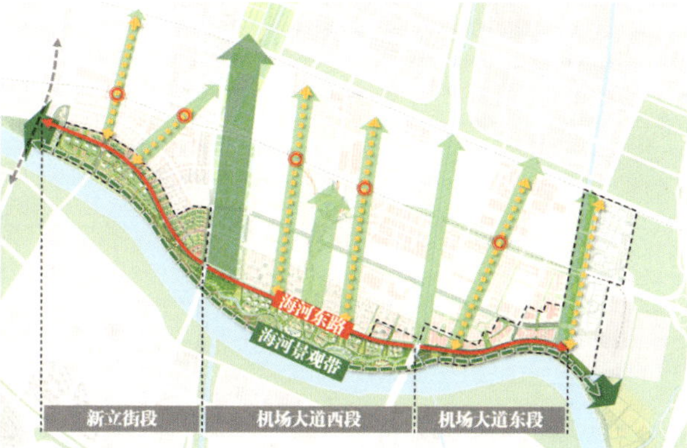

项目效果示意

屏障型生态廊道
BARRIER-TYPE ECOLOGICAL CORRIDOR

西青区绿色生态屏障一期建设项目绿色生态廊道设计

项目简况

项目位于天津市西青区绿色生态屏障区北部，总面积为 518 公顷，现状以养殖坑塘、林地、耕地、少量未拆迁企业及宅基地为主。生态廊道设计从打通地区水脉入手，统筹林、田、水、草多系统治理与恢复，增强生态环境稳定性，构建屏障区高质量生态基底。本项目将地区传统台田模式经验与生态修复相融合，因地就势进行地形处理：低洼处挖土形成湖塘，以强化渗碱排盐作用，控制地下水位。所挖土方垫高成台地，防止土壤返盐，台地上植树、种田，为林木、农作物提供适宜生长的空间条件，整体形成林、田、水、草复合型的生态空间，增强生态系统稳定性。

生态绿廊总平面图

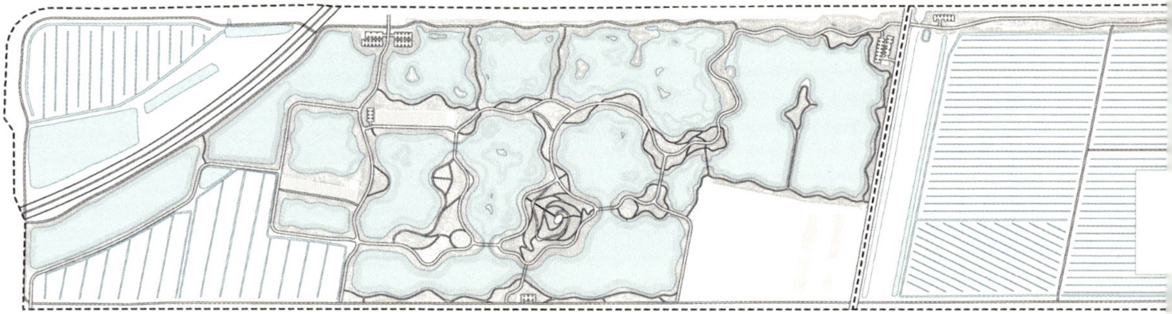

小泊段　　**小年庄段**

生态绿廊——小泊段
湿地湖岛，船舶通达，翠屏泊舟

生态绿廊——小年庄段
林环水抱，果树飘香，年庄枕水

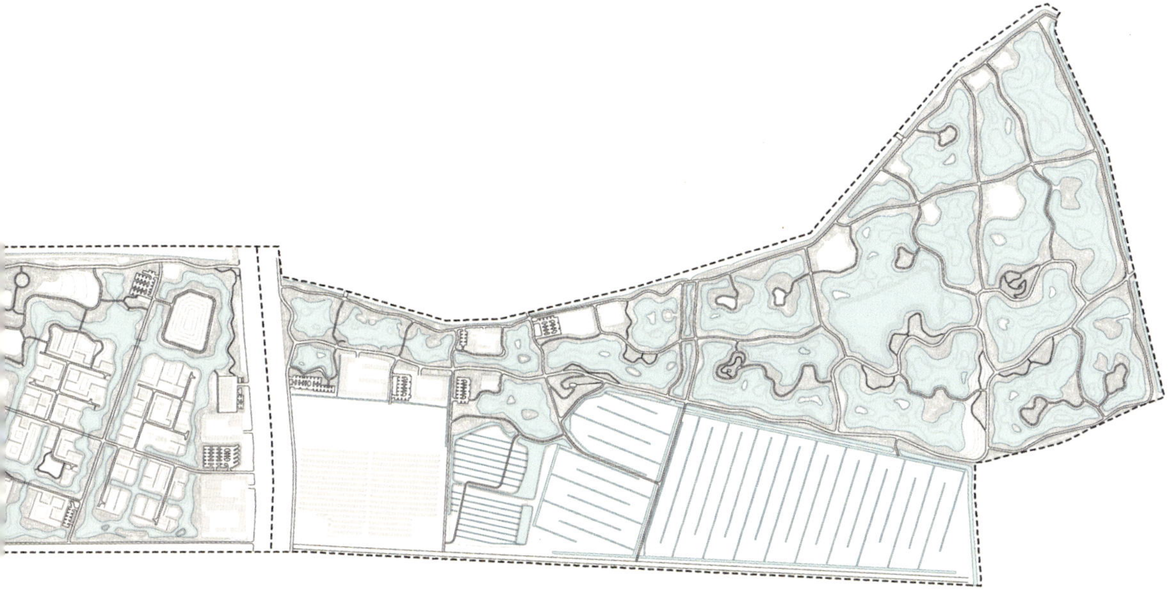

小金庄段

生态绿廊——小金庄段

林田交错，鸥鹭齐飞，金田绿屿

项目实景

项目实景

项目实景

项目实景

双城中间绿色生态屏障区东丽南片区景观实施规划

项目简况

项目位于双城中间绿色生态屏障区中部，海河中游北岸，为海河生态廊道与古海岸生态廊道汇聚的片区，总面积为 21.9 平方千米。该区域土地高程较低，且地下水位高，土壤盐碱化严重；原有耕地分布零散，配套设施缺乏，粮食产量低；原有林地种类少，生态系统稳定性低，区域农林生态价值有待进一步挖潜。面对区域核心问题，规划借鉴地域性台田乡土生态系统的相关经验，重塑农业和生态空间布局，打造“林田水草村”互融共生的生态有机体，树立北方农林共生共赢的标杆。

项目总体平面

要素布局

林——地形重塑，因地制宜

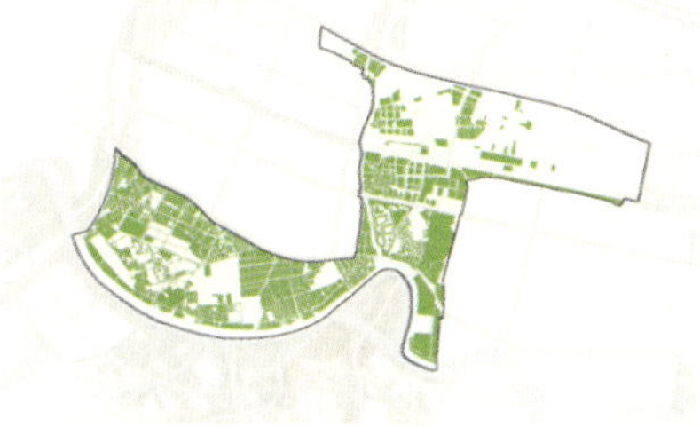

水——连接成网，湿地营造

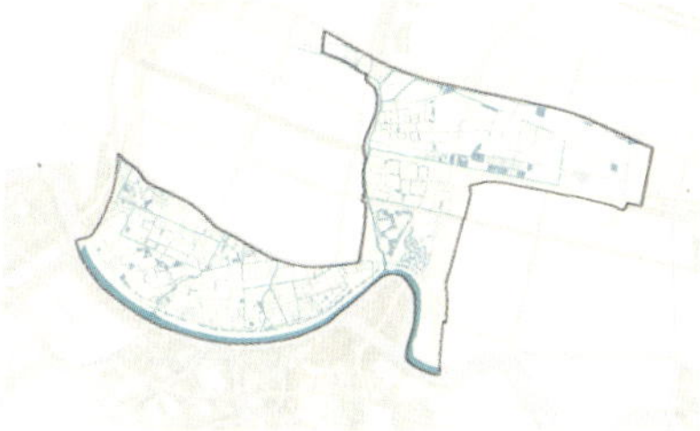

路——主次分明，三级游路

耕地整合

现状耕地——海河绿芯片区原有耕地分布零散

对原有零散的田地斑块进行集中整合，形成连片的农业耕作区，提升耕作效率

项目效果示意

水成网、田成片、林成荫、路相连、旱能灌、涝能排的良性生态系统

天津市西青区李七庄街生态廊带景观规划

项目简况

挖掘城市边缘地区的特色景观资源，开展外环 500 米复合型生态景观绿带、城野综合服务活力廊这两条生态廊带的景观规划设计。规划系统梳理现状用地，在整合林、田、水、草等生态资源的同时，对现状建设用地采取拆、改、留等针对性措施，营造特色景观空间，完善基础设施配套，景观先行带动区域土地价值的提升和可持续发展。

西南外环绿廊与周边公园体系

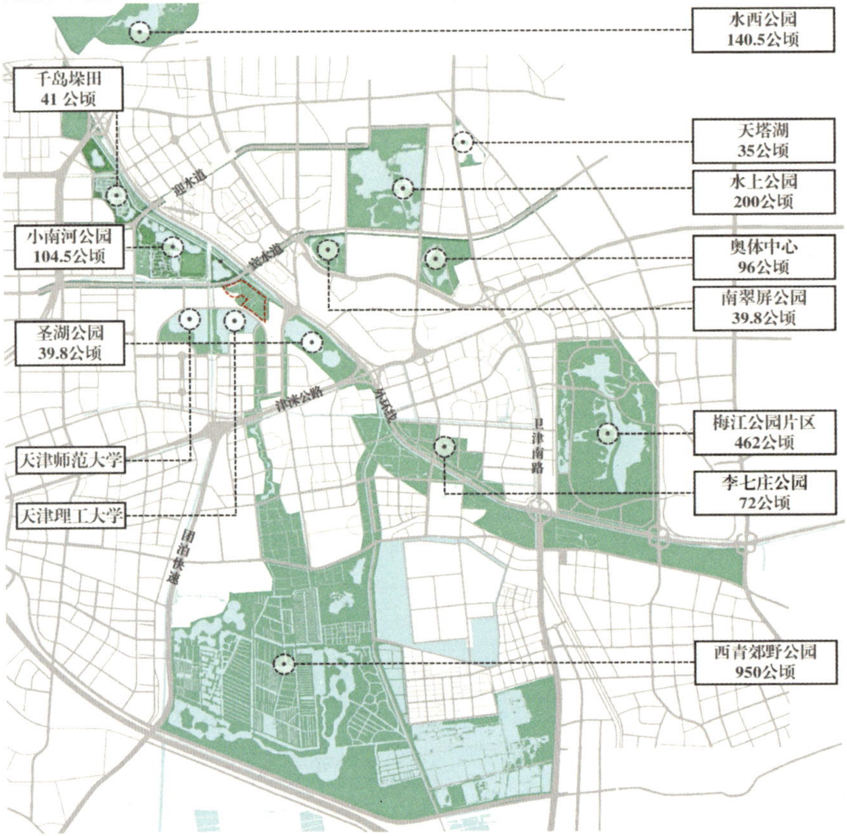

外环绿道系统

在现状生态防护、生态涵养功能的基础上，植入都市农业、林下经济、花园苗圃等生产功能，运动康体、文化休闲、科普教育等生活功能，将外环绿道由单纯的生态防护带转化成集生态游憩带、景观形象带、文化体验带、都市活力带、运动休闲带于一体的复合型生态景观廊道，并与周边绿地空间联系形成城市公园体系，辐射带动周边社区和产业发展

李七庄外环绿道公园

依托现状环境景观资源和土地利用情况，结合两翼学校、社区、产业发展的需要，将外环绿道公园划分为体育拓展功能区、滨水活力功能区、运动康养功能区、文创休闲功能区。将现状存量用地改造为休闲游憩、配套服务、体育运动等设施用地，在提升区域门户形象的同时，补足配套服务设施，发展特色文化休闲产业

李七庄外环绿道公园规划总平面图

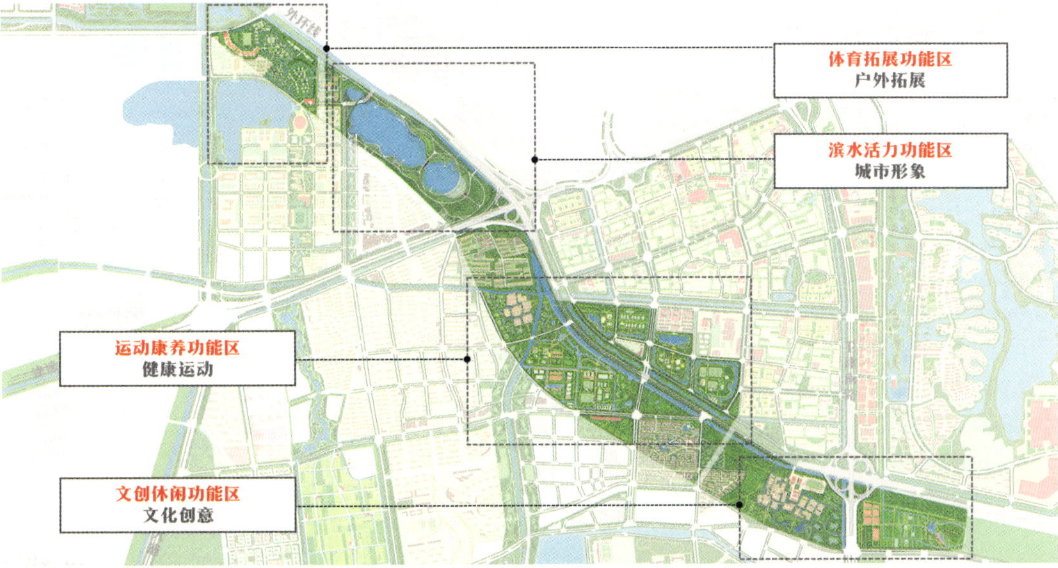

雅居体育公园

将违建别墅拆除用地作为外环绿道公园的启动节点，保留现状路网，形成游憩系统的骨架，拆除现状建筑，为运动休闲功能提供空间载体。综合建设集生态涵养、休闲游憩、运动拓展、营地度假于一体的文化体育运动公园

雅居体育公园改造效果示意

生态绿楔

利用李七庄街与精武镇之间的现状田园与生态景观空间，植入生态农业、景观游憩、配套服务设施，构建生态绿楔体系，连接中心城区与南部田园，打造兼具生态、生产、生活功能的复合型生态绿廊空间，提升周边土地环境吸引力，带动两翼土地开发与产业发展

功能片区分析

景观节点分析

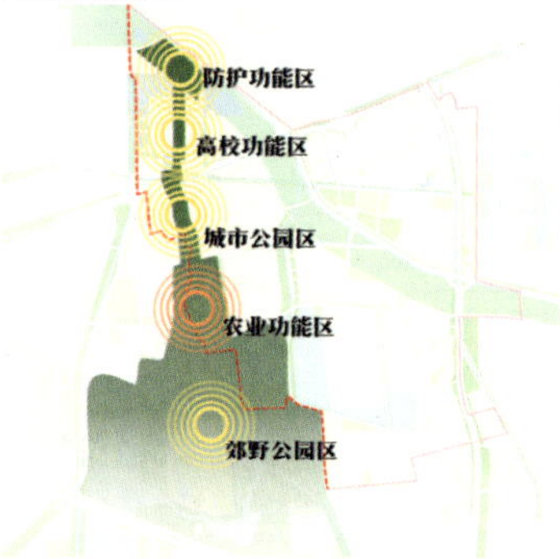

游憩系统分析

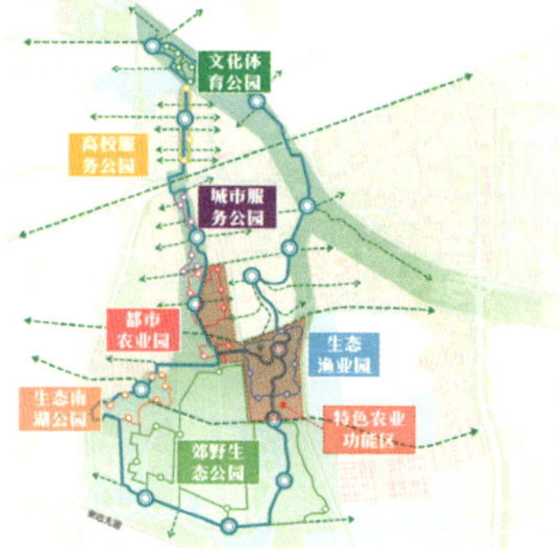

生态绿楔产业策划总体平面

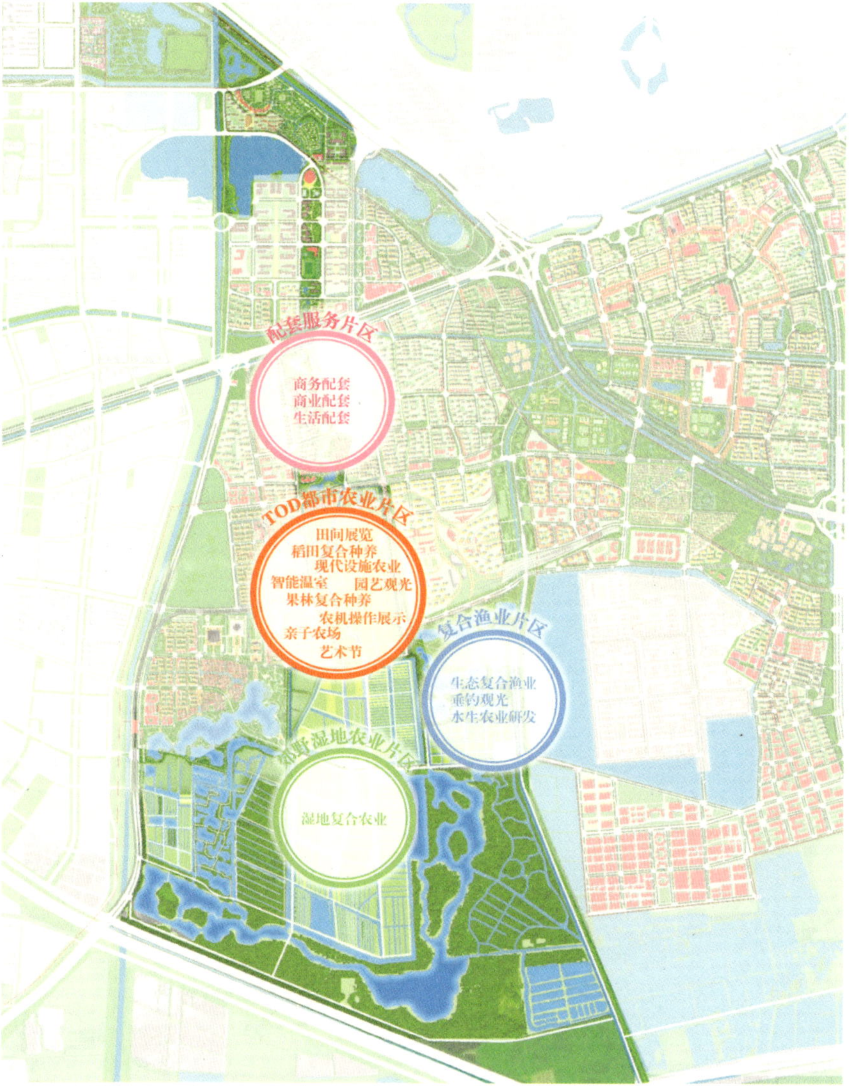

生态绿楔现状航拍影像

生态绿楔规划效果示意

景观生态单元
LANDSCAPE ECOLOGICAL UNIT

东丽古海岸湿地绿廊

项目简况

项目位于东丽区绿色生态屏障区南端，总面积为 157.6 公顷，历史上为新袁村、官房村、小北村的村台及村厂用地，对区域生态环境造成了较大的压力。该项目将台田技术引入生态营造，将农业生产经验与生态修复相融合，因地就势，堆山理水，重塑湿地水网；用台田技术解决盐碱问题，改善生态环境，节约治理成本，塑造良好的生态风貌；为在盐碱地区进行生态营造提供了新的技术范式，打造生态环境保护、都市农业示范、近郊旅游休闲三位一体的湿地田园综合体。

项目实景

方案生成

理水脉、塑地形、绿河廊、留田圃、通游路、置节点

总平面图

营造具有生态涵养功能的林、田、水、草复合型生态廊道

卫星图演变

2017 年

2019 年

2022 年

项目实景与《津门保甲图说》中的沽水风貌

传统台田系统是沿海地区应对土壤盐碱化及进行雨洪管理构建的一种生态农业模式，挖土成塘，垫土成台，在高处台地进行林地种植，在低处坑塘养鱼，台地和坑塘之间形成湿地

统。借鉴传统经验，在解决盐碱问题的同时，形成林、田、水、草复合型生态空间，打造东丽区生态屏障建设示范区

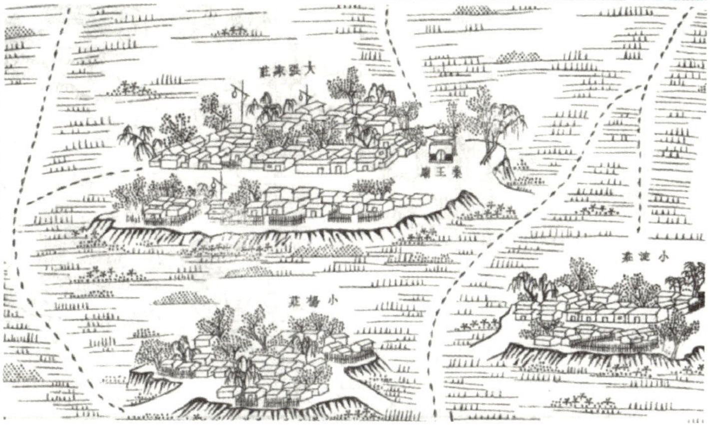

局部详细平面图

项目实景

局部详细平面图

项目实景

项目实景

项目实景

项目实景

项目实景

玉井公园景观概念设计

项目简况

玉井公园位于福建平潭岛澳前半岛西北部，总面积为 327.2 公顷，公园核心为一级水源地保护区——玉井水库，其周边土地利用以梯田、村庄、山林为主，几处废弃的石场相间其中，乡村性是该公园本底资源的一大特色。“一水、三山、六溪、围村”的空间结构展现了现状土地利用的基本构成及空间特点。面对水体污染、雨洪管理、水源补给、体现景观特质、农业转产、村落提升等诸多核心问题，设计以玉井水库水源地保护为核心，以底蕴深厚的岚岛农耕文化为内涵，以独特、完美的人与土地和谐为典范，以磅礴、壮观的梯田花海景观为特色，打造集湿地净水、科普宣教、文化展示、观光游赏、休闲体验于一体的岚台大梯田花卉活水公园。

项目总平面图

核心问题与挑战

玉井水库位于公园的点，周边高点分布着大量村落　　流域范围为二级水源地保护区　　农田化学肥料、居民点生活污水随地表径流汇入水体

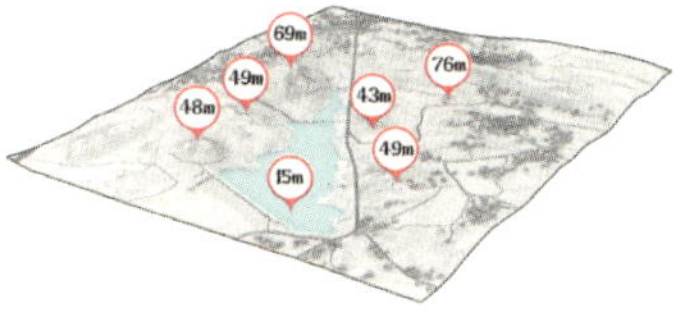

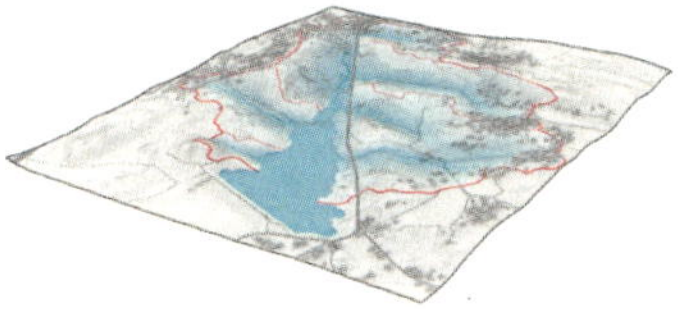

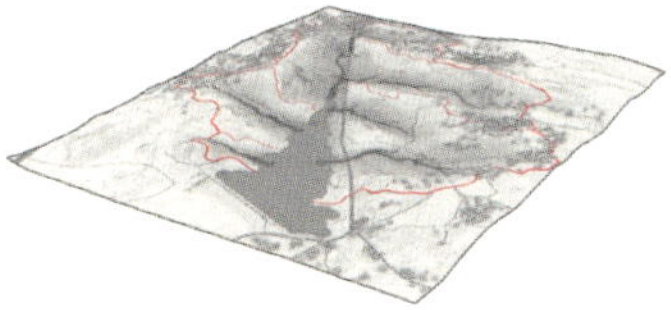

设计理念

依托并提升基地山林、村庄、梯田、水系四素同构的良性循环农业生态系统，将景观作为一个活的生命有机体，为城市提供全面的生态、游憩、文化服务，包括净化水库上游水源、传承岚岛农耕文化、展示台湾大梯田花海风光、打造两岸共同生活家园，为平潭提供一个展示生态文明和农耕文化的独特场所

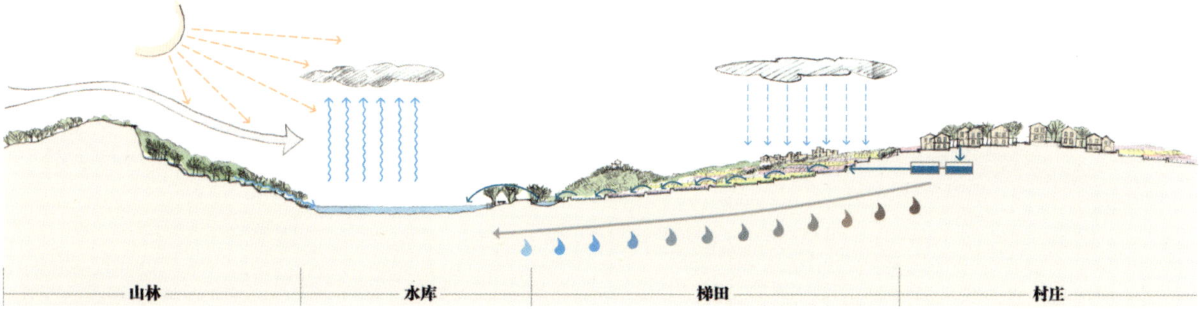

公园场景效果示意

设计策略

现状肌理

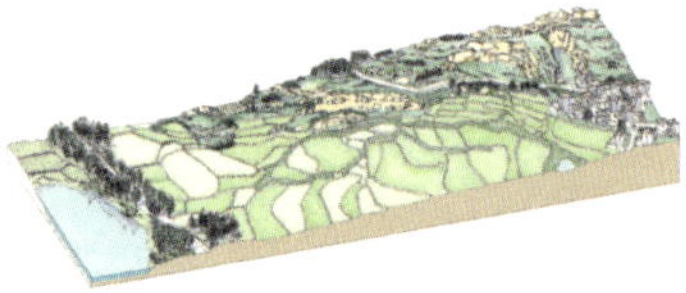

绿山体、涵水源

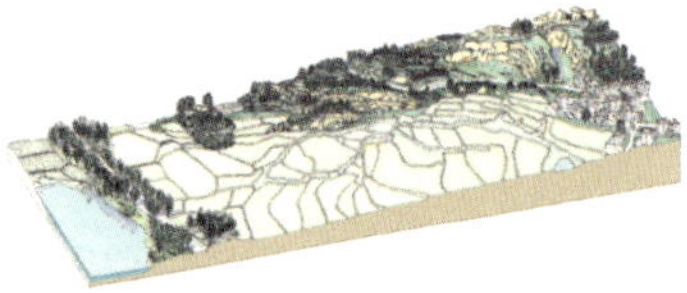

理溪谷、净水源

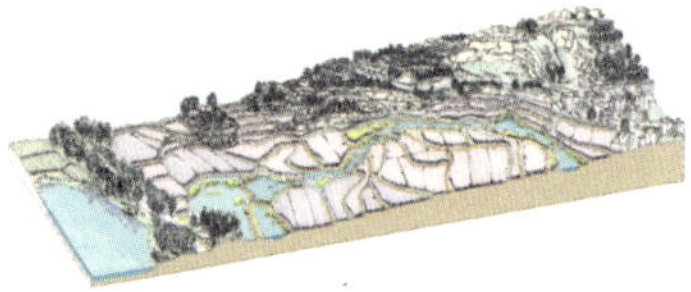

塑梯田、造花海

循老路、辟新径

治石场、营场地

公园场景效果示意

方案生成

按照规划策略，构建完整、连续的步道网络；治理废弃石场，形成配套场地；对山体增绿、复绿，保持水土，涵养水源；推进梯田种植模式转型，打造形象名片；构建垂直流人工湿地净水系统；挖掘石厝价值，在保护的基础上开发传统村落旅游，最终形成整体方案

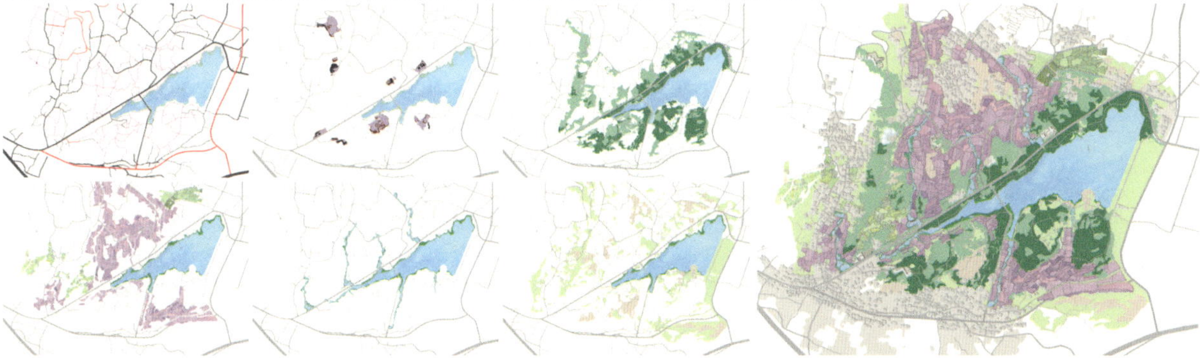

公园场景效果示意

公园场景效果示意

废弃石场治理

公园场景效果示意

梯田花海、石厝村落

麻黄梁黄土地质公园提升规划

项目简况

麻黄梁黄土地质公园位于陕西省榆林市麻黄梁镇境内，有黄土峰林地貌景观、第四纪地层剖面、沙漠地貌景观和古生物化石四大地质遗迹，是陕西省省级地质公园，同时具有非常丰富的历史及人文资源，包括战国秦长城遗址和明二边长城遗址、陕北民歌发源地、陕北艺术雕塑灵感地、电视剧取景地、摄影写生采风基地等，地质遗迹核心保护区面积约为 6.35 平方千米。规划提出从观光游到微度假、从陕西省省级地质公园升级为国家级地质公园、从国家 AAAA 级旅游景区升级为国家 AAAAA 级旅游景区三项目标，以现状麻黄梁黄土地质公园核心景区为基础挖掘优势景观资源，将麻黄梁黄土地质公园打造成为集吃、住、游、购、娱、研、影视摄影写生基地于一体的微度假型旅游目的地。

设计策略

项目对研究我国大陆乃至欧亚大陆第四纪地层剖面地质学具有重要意义，具有极高的科学、审美、科普等价值，是全国唯一可以同时欣赏到黄土地质遗迹与沙漠地貌景观的地质公园

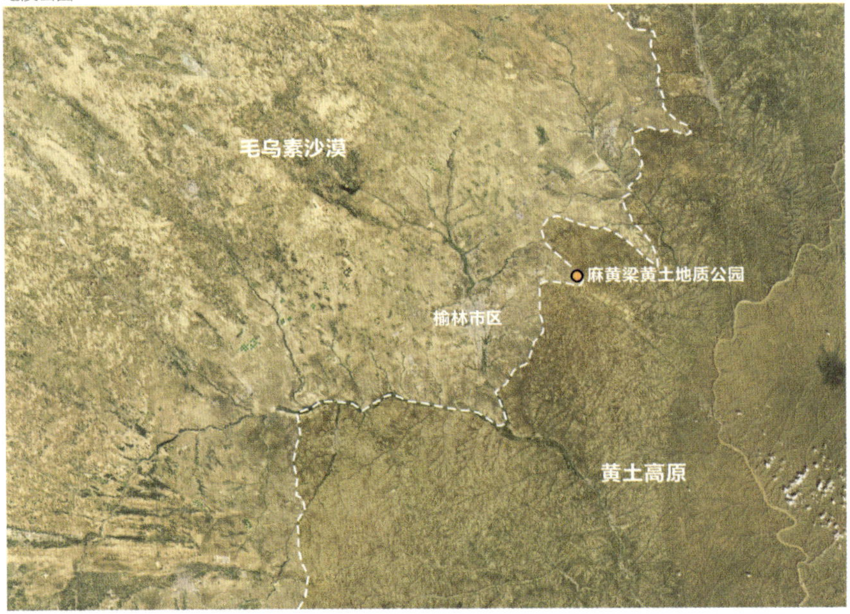

项目总体布局

形成“一带、一环、一心、四区、多节点”的规划结构。一带：佳芦河（店坊水库）生态景观带；一环：核心区游览环线；一心：文艺休闲体验核心；四区：入口综合配套服务区、黄土地质景观特色游览区（店坊村伙场经济样板示范区）、沙地地质景观休闲体验区、大地艺术景观片区（包含雨子坝湿地及黄土地质剖面展示区、亲水湾星空营地区）；多节点：多个重要景观节点

项目总体布局图

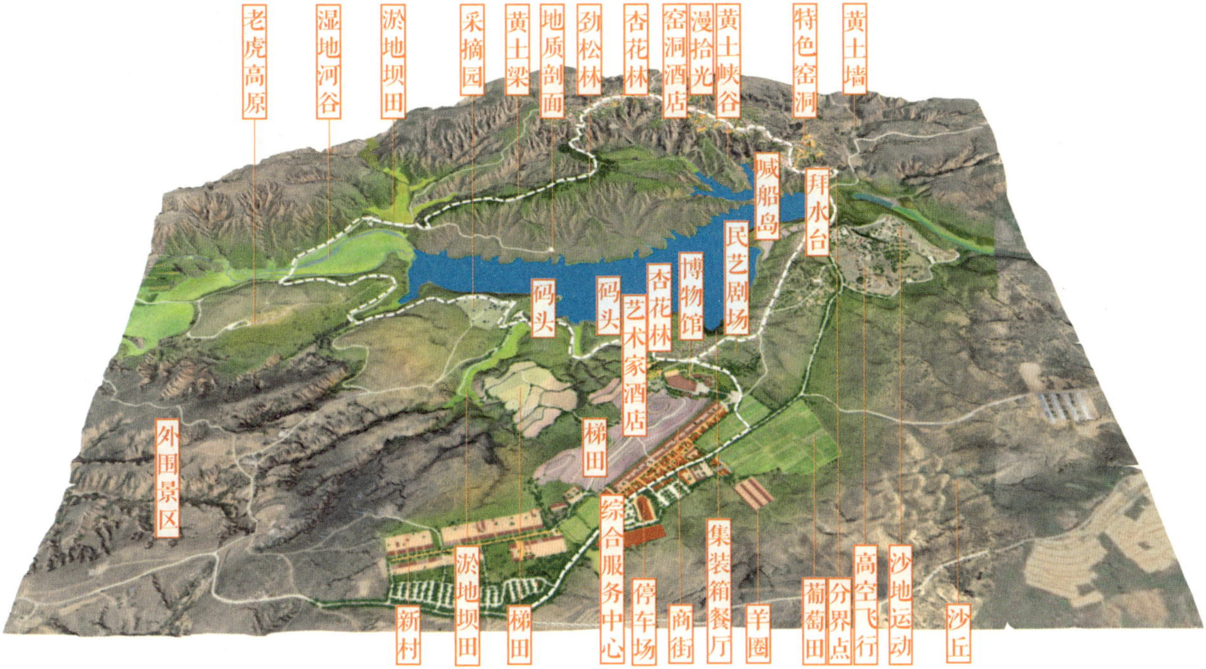

方案生成

理水脉

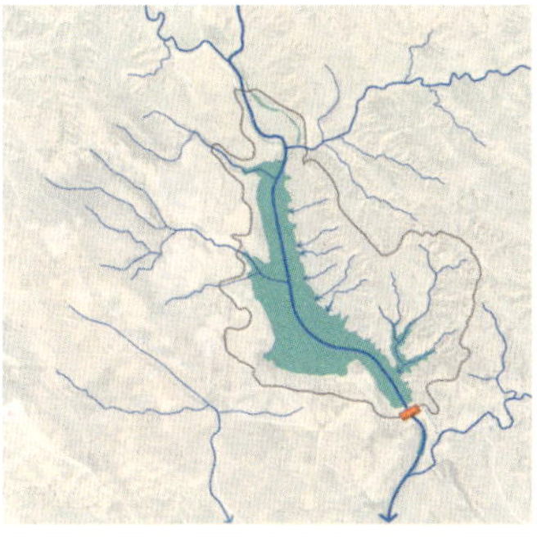

寻地景

通游路

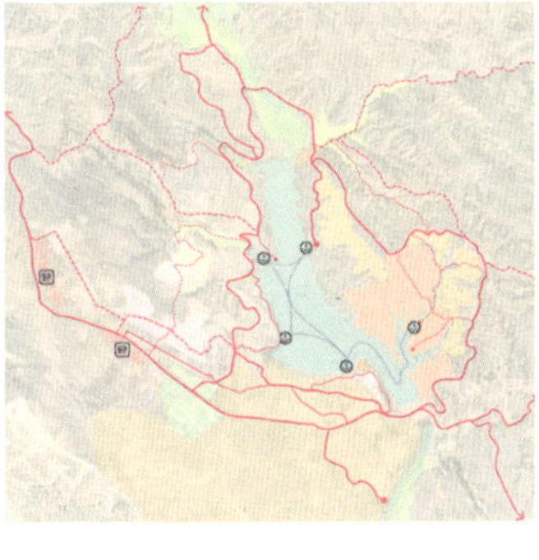

营配套

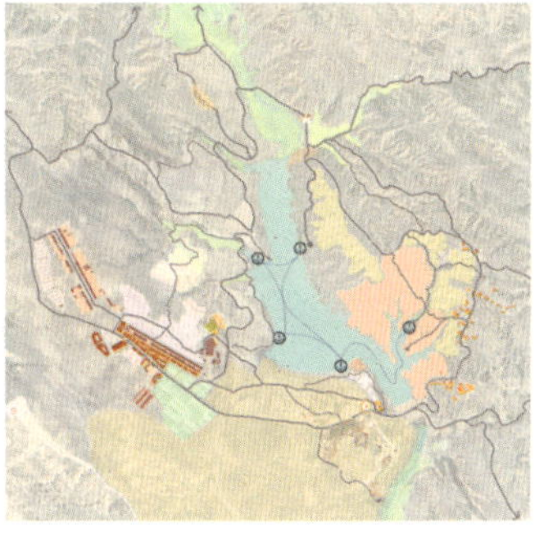

现状空间

坝田

淤地坝田

十里杏梁

设计效果示意

坝田

淤地坝田

十里杏梁

秉承“自然的风景，看不见的景观”这一理念，选取本土优势树种，展现黄土高原植被群落和沙地植被群落，复现原生态自然风貌，兼顾景观效果和经济效益

设计效果示意

入口门户区——葡萄园

入口门户区——风情酒店

入口门户区——商街

入口门户区——梯田

窑洞场景体验

以榆林当地文化及景区风土环境为背景，注入市场前沿与创新体验业态，提升服务功能设施，加强休闲体验内容，与周边村落联动发展

天津市东丽区金钟河沿岸生态修复工程

项目简况

项目位于天津市东丽区金钟河北岸，赤土村东侧，总面积为 215.4 公顷。该项目利用退渔坑塘收集西侧的生态农业排水和金钟河生态补水，打造具备净化能力的大型生态湿地体系。同时，恢复该区域原有生态的多样性和完整性，提升生态系统整体的质量和稳定性，从而达到生态修复的总体目标。项目在保证净化能力的基础上精细化竖向设计，为乔木、地被、湿地植物提供适宜的生存环境，同时丰富浅滩湿地区域的塑造，提供适宜的栖息地，满足不同鸟类对生存环境的需求，形成集生态环境保护、水体质量净化、近郊旅游休闲于一体的湿地净化生态体验区。

项目鸟瞰效果示意

工艺流程

根据水质净化工艺流程布置调节塘、强化复合潜流湿地、表流湿地和沉淀塘四个湿地净化片区

效果示意

项目实景

04

矿山景观生态修复与利用

ECOLOGICAL RESTORATION AND UTILIZATION OF MINING LANDSCAPE

在快速城市化时期，矿业为城市建设、生产提供原料。随着矿产资源的耗竭和发展方式的转型，大量矿山相继关停。截至 2018 年底，全国有矿山地质环境重点治理区 524 个，中央和地方累计投入财政资金 900 余亿元，但治理面积不足五分之一。遗留的废弃矿山占用土地资源，影响生态景观环境，也威胁着周边区域的生产、生活安全。

传统的矿山治理采用工程化治理模式，治理范围局限于矿区本身，治理断面坡度大，生态景观效果难以保障。借鉴旱地梯田等乡土景观做法，优化矿山治理断面，利用削坡石材砌筑阶梯挡墙，覆土种植多层次植被，恢复生物多样性。

矿山工程治理投资大，钱从哪儿来？挖掘存量土地价值，带动矿业转型、矿城更新是解决问题的关键。矿山生态修复以水文系统为骨架，重构区域生态安全格局；开发、治理、景观相结合，在保证生态安全的同时，盘活利用存量建设用地，为产业转型发展提供空间，平衡部分建设成本；以规划为引领，多专业协同，统筹生态环境修复、产业空间重构和土地整治利用，实现“全域全要素”的生态文明转型。

1:75000

01 矿地重生

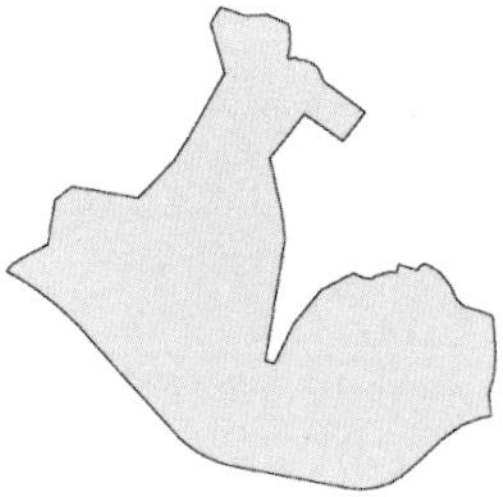

02 矿地重生——东后子峪

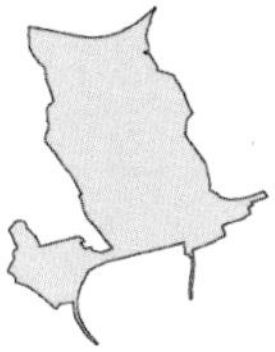

03 矿地重生——西石矿

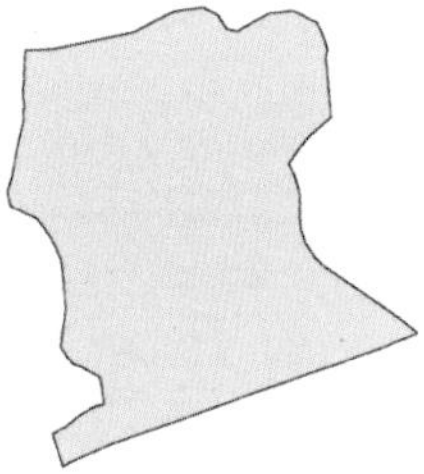

04 矿地重生——大兴峪

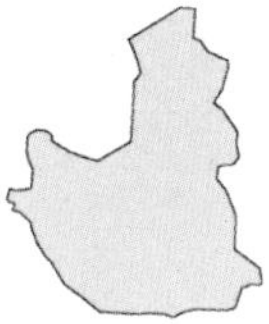

06 矿地重生——中国白沙

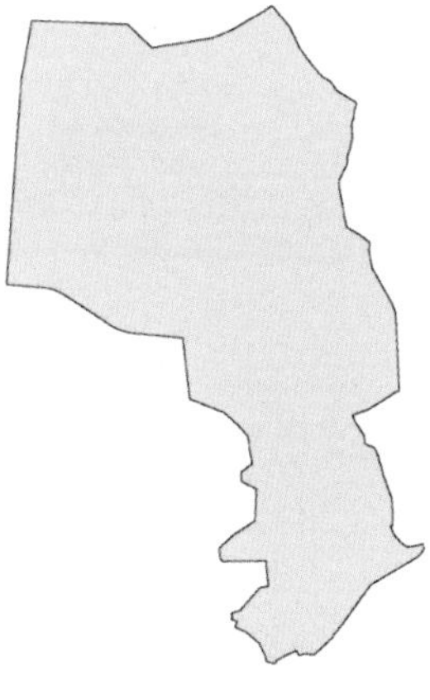

05 矿地重生——蓟州别山

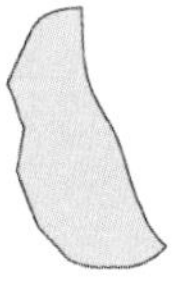

08 鸣凤山公园景观概念设计

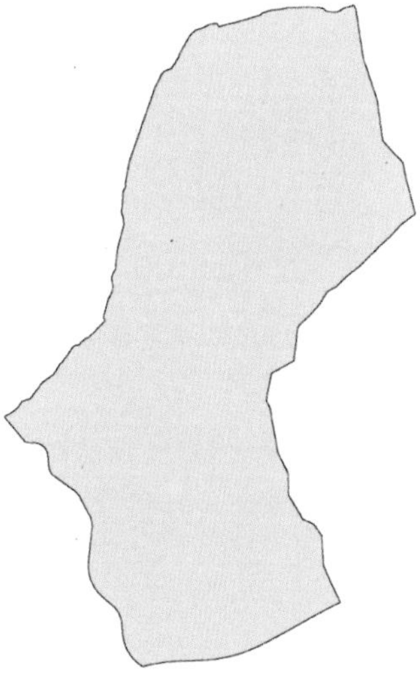

07 山水融城 岭南画卷

矿地重生

项目简况

天津市蓟州区矿山地质环境综合治理示范工程位于蓟州城区边缘，是天津市矿山复绿行动的先行示范区，涉及山前地段的八个矿区，治理面积约为 2 平方千米，规划协调范围约为 10 平方千米。规划以区域生态安全格局重构为先导，修复区域蓝绿系统，形成“一带、两廊、三区、多点”的空间结构；以矿山多路径治理引导下的矿业主体公园集群开发为路径，打造大蓟北优矿胜地主题公园集群；通过生态格局重构、乡土景观营造、存量用地转型三项规划策略，实现生态环境改善与全面可持续发展。

核心问题

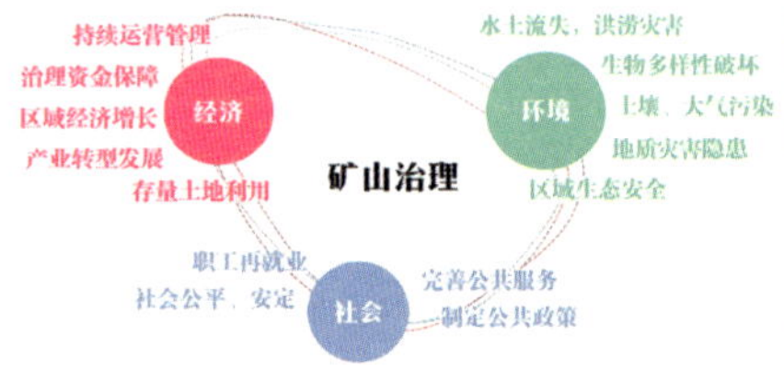

蓟州区矿山废弃地分布及治理时序

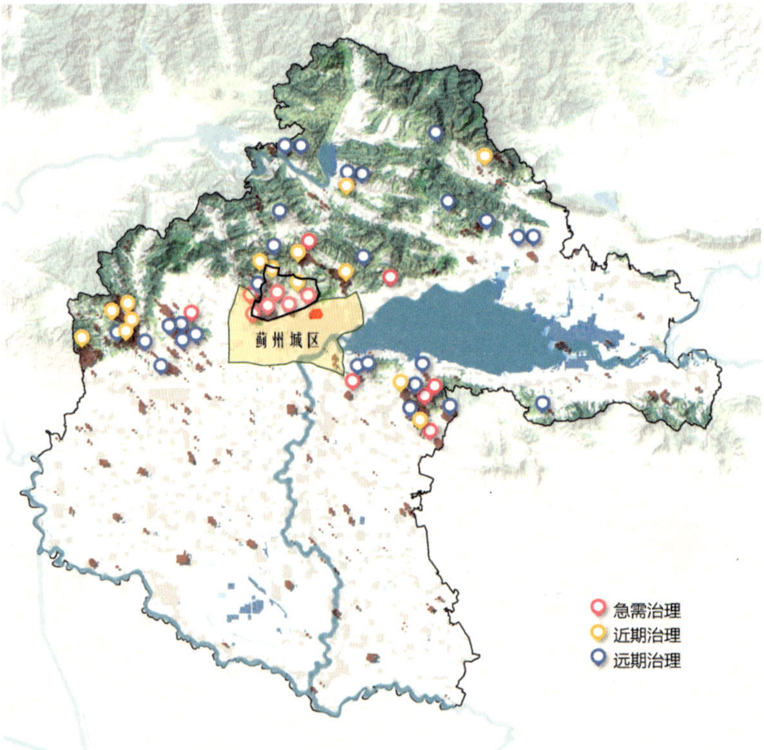

规划策略

治理模式

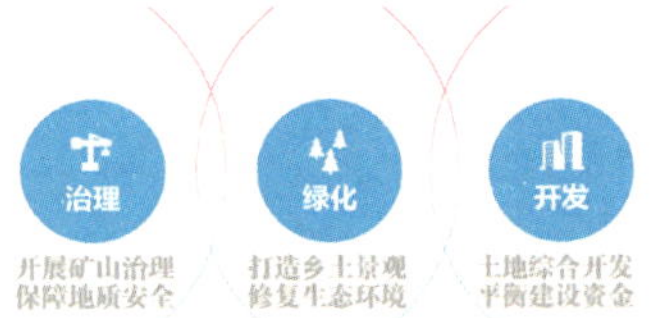

参展国际矿业大会

矿山修复的蓟州经验和生态景观修复的相关实践成果在 2019 中国国际矿业大会上展出，会议论坛上的相关宣讲获得业内人士好评，受到自然资源部关注和报道

生态修复

矿山开采割裂了原有的水文系统，破坏了区域生态环境，造成了城市雨洪问题。在治理中，从流域入手整体分析区域水文格局，在尊重自然水文系统的同时，修补被破坏的山水通廊，并与城市雨洪网络相连，增强区域防洪抗旱能力。在详细设计中，强调小流域的重建，合理组织排水通道和蓄水空间，并结合城市开放空间系统设置景观化的生态基础设施，对山区雨洪进行管理，保障下游城市的防洪安全

产业导入

矿山治理需要持续投入大量资金，单纯复绿难以长远发展，本项目提出了通过矿山多路径治理带动存量建设用地综合利用的模式。在规划中，以旧有工业铁路为线索，打造体验式小火车游览线路；串联区域内工业文化遗产，布置旅游服务设施，形成工矿主题景观带；结合主题景观带，重新布局存量工矿用地，引入主题产业项目；依托主题产业进行周边用地开发，完善公共服务设施。最终建立主题景观、主题产业、主题街区相互支撑的复合型产业体系，构建绿、城、产相融的综合型片区，带动区域绿色转型发展。

资金平衡

针对矿山治理的综合性特征，构建多专业协作的设计平台，以规划为先导统筹各专业资源，为业主提供从规划到实施的全过程服务，实现多规合一及一体化设计。在治理过程中将治理、景观、开发相结合，以生态修复、产业导入和土地调控为抓手，力求实现环境、社会、经济效益共赢。

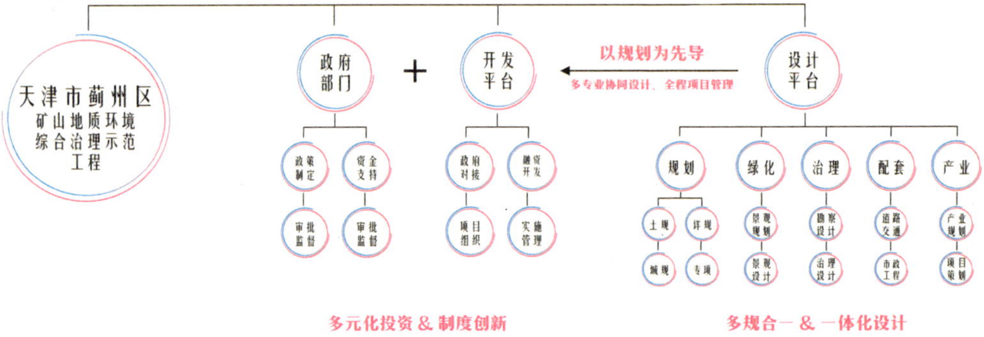

区域生态安全格局重构示意

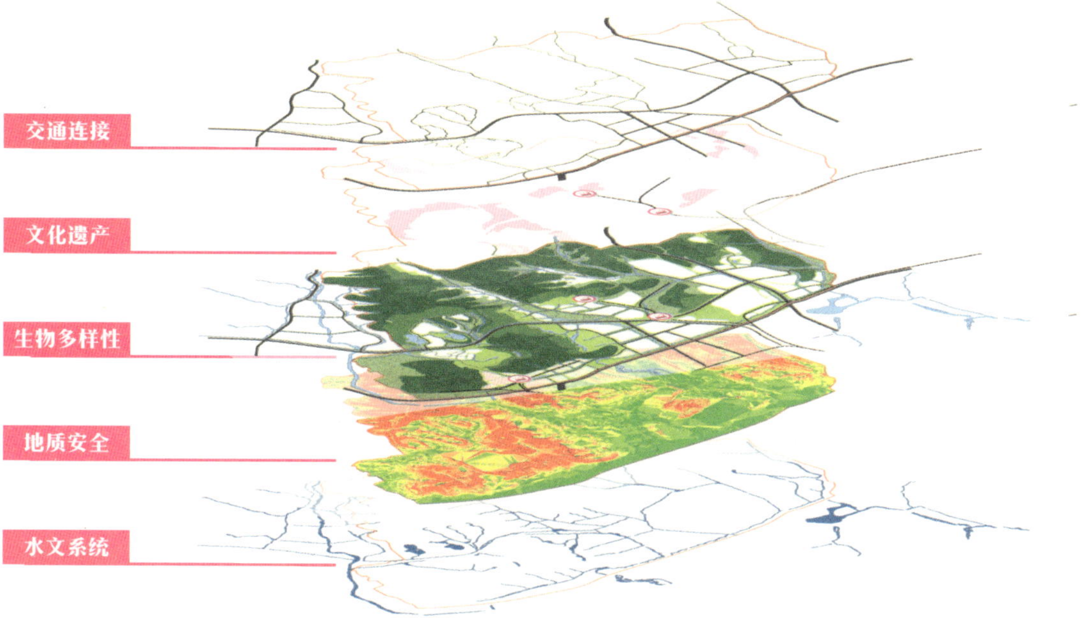

矿山多路径治理模式

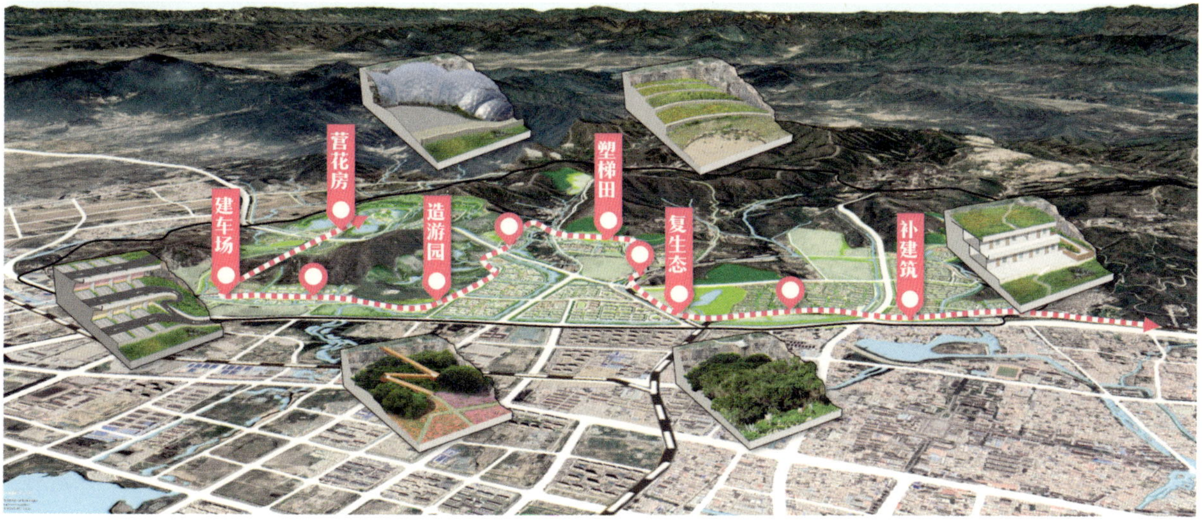

矿地重生——东后子峪

项目简况

东后子峪矿区位于蓟州五名山北侧，占地约 1 平方千米。规划引入英国伊甸园温室植物园项目，结合矿山生态修复，打造矿山植物园四季旅游项目，使这里成为蓟州区生态旅游、科普教育、亲子度假的新兴目的地。通过主题旅游项目的引入和配套旅游产品的开发，以修复治理后采矿用地出让资金平衡生态修复建设资金，实现生态效益与经济效益共赢，践行绿水青山就是金山银山的发展理念。

城市设计总平面图

控制性详细规划

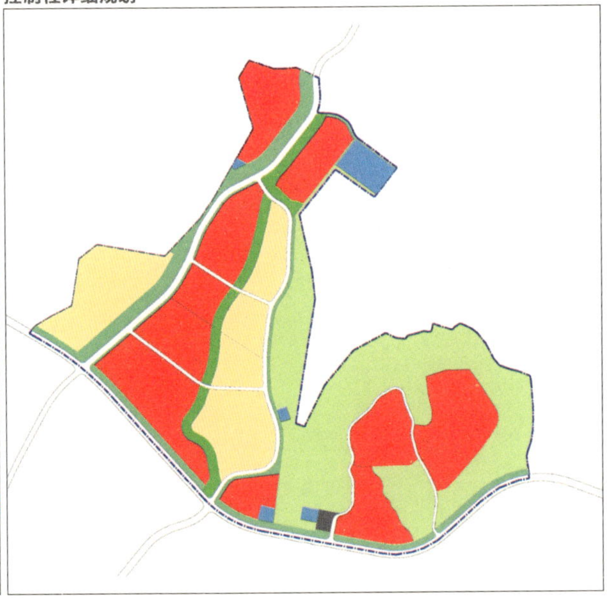

东后子峪矿区实景航拍图

东后子峪矿区改造效果示意

废弃矿山创面实景

矿山酒店改造剖面图

矿山商业小镇改造剖面图

矿地重生——西石矿

项目简况

西石矿位于蓟州五名山，是城市入口的景观节点，是八个矿区中唯一由原开发企业修复治理的矿区。规划将矿山综合治理与旅游产业导入相结合，形成矿山主题公园。在改善环境、塑造区域旅游地标的同时，为企业转型、员工就业提供机遇。以蓟州城区北部工业铁路遗迹为线索，串联旧有矿区和工业遗存，形成大蓟北优矿胜地主题公园集群，植入特色文化旅游项目，带动矿业废弃地转型利用，挖掘土地价值。以五名山为核心，前后山联动，结合矿山治理开发植物园、影视小镇、极限运动公园等多主题矿山乐园项目，辐射蓟州西部盘山文化旅游板块，提供差异化旅游服务资源。

蓟州北部矿区现状分布图

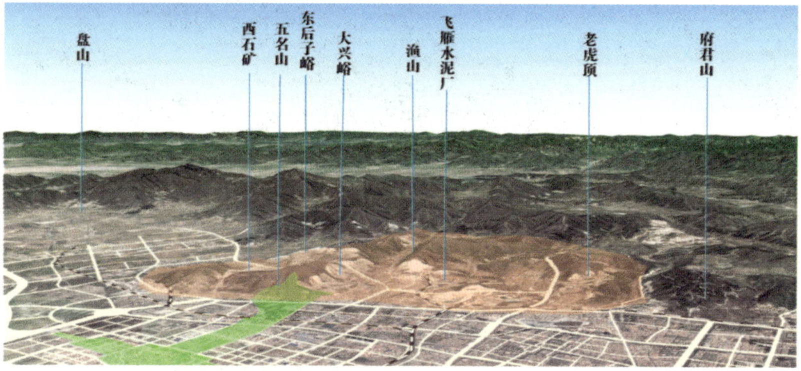

五名山矿山主题功能布局图

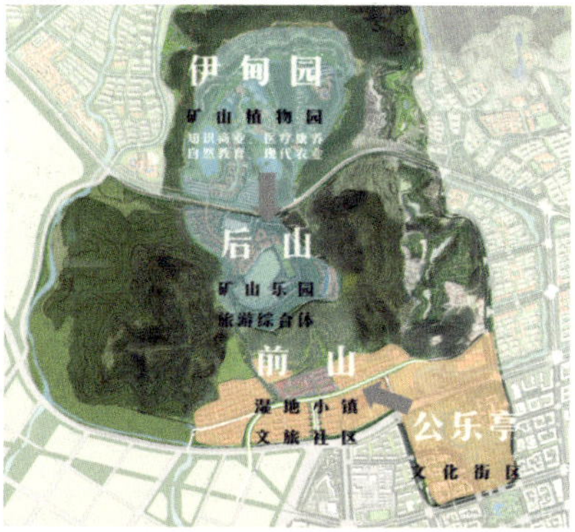

大蓟北优矿胜地主题公园集群分布图

西石矿矿山主题乐园平面图

工业遗迹再利用

在矿业废弃地转型利用的同时，在地工业遗存也是矿山再开发的特色资源，规划将原有石料加工厂房保留并加以改造利用，通过钢结构与玻璃的运用，形成温室植物园的内庭空间，体现了历史与现代材质、工业与自然环境的碰撞，同时为区域旅游发展提供服务设施和吸引点

厂房改造剖透视效果示意

厂房现状实景

厂房改造效果示意

矿地重生——大兴峪

项目简况

大兴峪矿区及其毗邻区矿山地质环境治理区域面积为 16.27 公顷，矿区治理以策划与规划先行，对场地条件及区域环境进行综合分析，定位出适合场地利用的可行性项目。以此为基础，高陡岩质边坡区采用“梯级平台削方为主，局部工程措施为辅”的治理方案，进行创面治理及景观设计，为后续的土地出让与利用打下好的基础。

矿山创面治理

在创面治理中，借鉴周边西井峪石头村的旱地梯田乡土景观技术，让场地内的石头以梯级挡墙的形式回归土地，处理了矿山的陡坡，保证了山体的稳固与安全。覆土种植适应当地环境的本土物种，保持水土，维护生物多样性。将治理后的地形与排水系统、养护设施、游憩线路相结合，在降低治理成本的同时，延续地域性景观特色，创造景观游憩空间

覆土种植

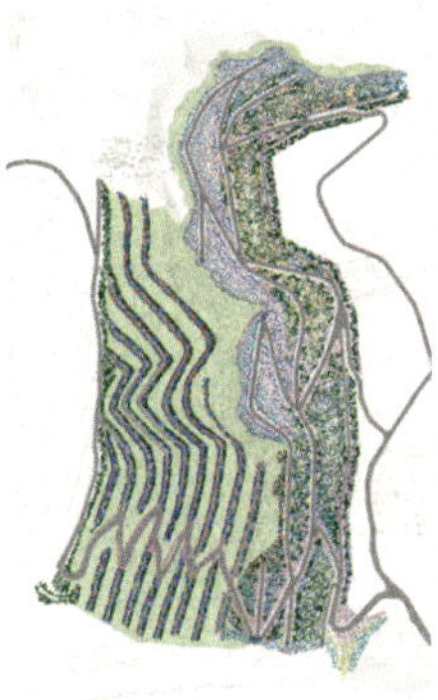

排水系统

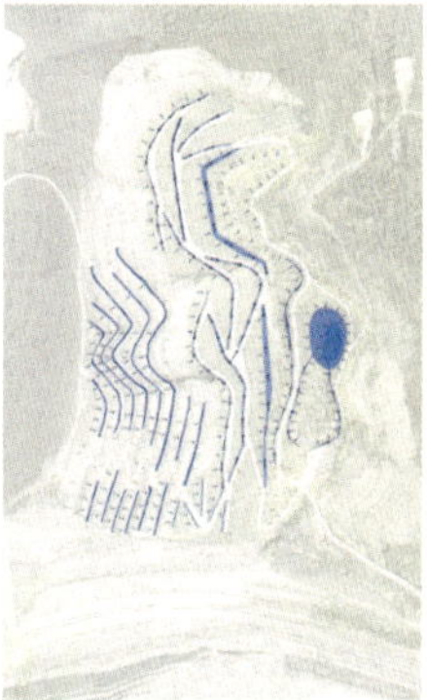

治理成果

矿山创面治理剖面图

原始创面

梯级挡墙

覆土种植

修复后实景

矿地重生——蓟州别山

项目简况

别山矿区地处蓟州区东南部，于桥水库南岸，毗邻水库南岸滨湖景观综合发展带，是于桥水库项目的重要一环，治理面积为 502 公顷。规划工作将进行系统性的治理提升，使该矿区成为矿山生态修复展示区、矿地综合利用创新区、乡村振兴发展示范区，打造修复山水生态格局、复绿复垦、植入文旅康养产业、带动乡村振兴的山水田园综合体。在设计过程中，吸取当地常见的挡墙护坡乡土技术，运用矿区内山体平整中产生的石料，砌筑梯级挡墙，处理高陡边坡，既能保证山体稳固，又有足够的面积进行绿化。另一方面，大量使用乡土树种进行绿化种植，它们适应性强，在恶劣条件下能保证成活率，在短期内可以达到生态恢复的效果，为以后的开发打好环境基础。

治理开发效果示意

项目区位图

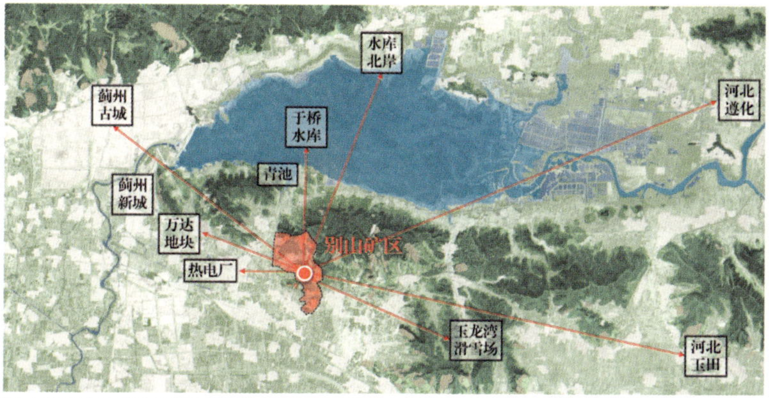

项目总平面图

矿山现状实景及治理开发效果示意

矿山现状实景及治理开发效果示意

治理开发效果示意

矿地重生——中国白沙

项目简况

白沙村位于河北省武安市鼓山东麓、邯郸城区正西，村域面积为 4.68 平方千米，采石、砂石建材加工是白沙村的主导产业。改革开放几十年来，白沙村为城市建设输送了大量的砂石建材，为中国城市化做出了巨大的贡献。但在经济收入不断增长的同时，也给生态环境带来了一定的破坏。旅游产业主导下的矿山治理需要打破传统的单一复绿模式，采取安全治理、生态修复与开发利用相结合的模式，并对“山、石、林、田、村”进行统筹规划，从树立美丽乡村建设新标杆、实现后矿业时代转型示范、打造全域旅游示范区新节点、成为地域文化新型发声地四方面着手，构建以水为脉、以绿为基、以文化为魂的休闲度假旅游综合体，成为优矿胜地中国白沙村。

项目总平面图

矿山现状实景及治理开发效果示意

山水融城　岭南画卷

项目简况

潼湖矿区位于广东省惠州市仲恺高新区潼湖镇永平片区东北部，距离仲恺高新区约 30 千米，废弃矿区面积约为 815 公顷。废弃矿区严重破坏了周边的自然环境和生态系统，与潼湖湿地、花果山的山水景观格局格格不入。规划基于项目区融入大湾区经济发展的桥头堡优势，利用周边的山、湖、江、石等自然资源，打造高品质生态格局，构建集矿山生态修复、城市综合服务配套、山水城园融合发展于一体的“山水智谷”，使之成为矿山生态修复示范点、城市高端综合服务配套示范区、山水公园融合发展示范区。以矿山治理为先导，统筹生态环境修复、产业空间重构和土地整治利用，实现“全域全要素”的生态文明转型。

袁江的《九成宫图》、矿山现状实景及治理开发效果示意

矿山现状实景及治理开发效果示意

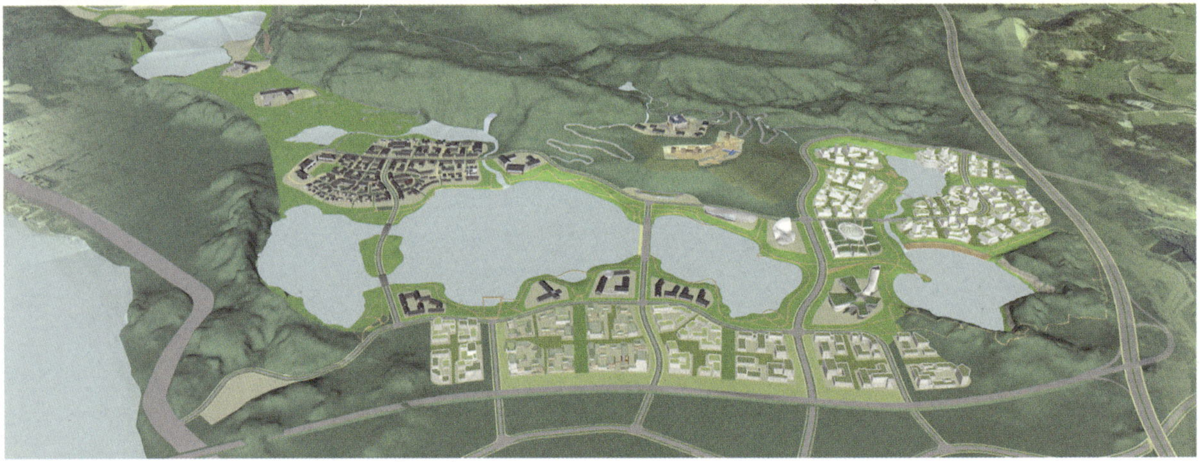

治理开发效果示意

鸣凤山公园景观概念设计

项目简况

鸣凤山位于福建平潭综合实验区海坛本岛东南部的坛南湾组团，是一座南北走向的低矮山丘，整体地势东陡西缓。鸣凤山公园总面积为53.7 公顷，区域内采矿废墟、矿道、林地、沙地、农田、操场、孤石等多元要素分布其中。就基地本底条件而言，项目面积小、山势低、采石破坏严重、自然资源优势不够明显，但紧邻丰富的自然资源和人文景区，周边旅游服务配套比较集中。该项目充分利用废旧的采石道路作为公园的游憩路径，开辟新的环形绿道将一个个采石场连接在一起，根据采石场的尺度和特点植入新的功能，形成一系列动人、有趣的度假场所，宛若绿色项链穿起一个个珍宝，形成“海坛之链”；建设集采石场多途径治理示范公园、石文化户外度假体验营地、坛南湾公园式游客集散中心三项定位于一体的鸣凤山户外度假公园。

项目总体鸟瞰效果示意

改造模式

洞穴酒店

戏水乐园

石溪花园

洞穴酒店场景效果示意

滑沙乐园、攀岩基地场景效果示意

公园入口、林间营地场景效果示意

05

基于景观生态系统构建的片区规划

REGIONAL PLANNING BASED ON LANDSCAPE ECOSYSTEM CONSTRUCTION

大规模的城市新区开发伴随着土地下垫面的改变，对原有自然生态格局产生了较大影响，经常造成内涝、干旱、地壳下陷、微气候改变等城市地质和气象问题，同时对区域生态安全有一定的威胁。

片区规划对所在地的原有自然系统格局进行解读，分析地形、水文、植被等生态格局架构的组织方式与当地气候变化的机制，顺应当地的自然地理环境，构建景观生态系统格局。以区域生态安全格局为骨架，塑造城市开放空间系统，进行土地开发，构建生态友好的新型城市片区格局。

探索大景观视野下的规划与景观一体化设计方法，就是基于生态系统优先的规划理念，将景观规划、景观设计融入城市规划、设计、开发的全过程。在国土空间规划阶段，以生态系统格局作为城市土地开发格局的基础，明确建设用地布局；在城市设计阶段，将景观空间设计前置，优化城市公共空间界面设计，使城市断面与公共景观、街道环境紧密衔接；在开发建设阶段，景观先行，通过公共景观建设打造城市形象标志，提升土地价值，带动新区综合发展。

1:200000

01 海河教育园二期基础设施工程
05 天津市蓟州新城环境景观研究
03 柬埔寨金边新城概念规划
02 凯州新城中央公园及城市核心区城市设计
04 天津空港经济区产城融合示范区国际生活区景观规划

海河教育园二期基础设施工程

项目简况

项目位于海河中游南岸、天津大学新校区与南开大学新校区之间，总面积为 239.1 公顷，是城市发展主轴与南北生态通廊的交点，城市发展与生态涵养间的矛盾非常突出，因此项目的核心是：运用台田技术解决盐碱问题，重塑湿地系统，维护城市生长过程中的生态安全；预留弹性空间，打造交流平台，传承人文精神，吸引高素质人群，促进城市生长；以园养园，营造生产型低碳高效景观，实现公园与城市协同共生。对台田技术、弹性生长、生产景观等造园方法的探索可以作为城市与自然融合的典型案例，不断生长、蔓延至天津乃至京津冀生态协同圈的生态修复与建构中。

天津传统地貌研究

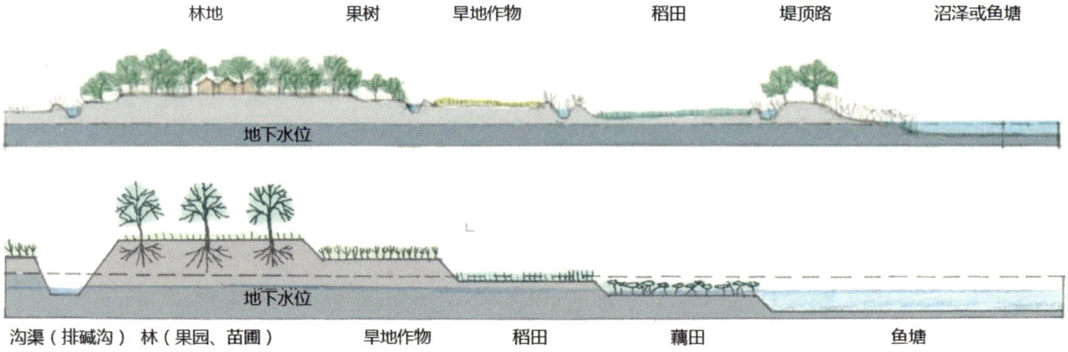

农民的智慧就是中国的智慧

天津沿海地区的农民为应对盐碱、雨洪等问题，创造了质朴的农业系统——台田

项目实景

地形改造模式

现状农田、坑塘地貌

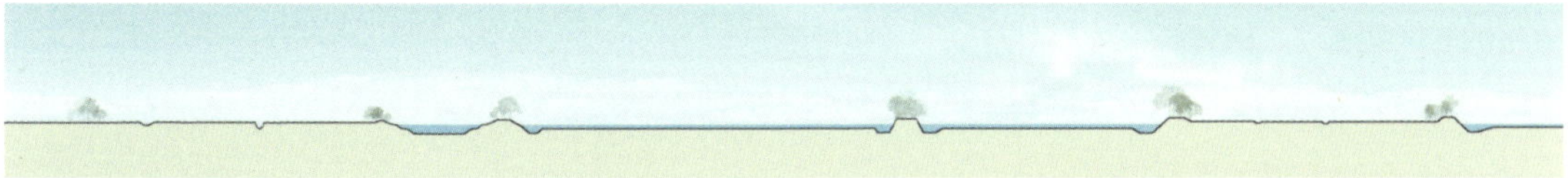

低处挖土，高处垫台

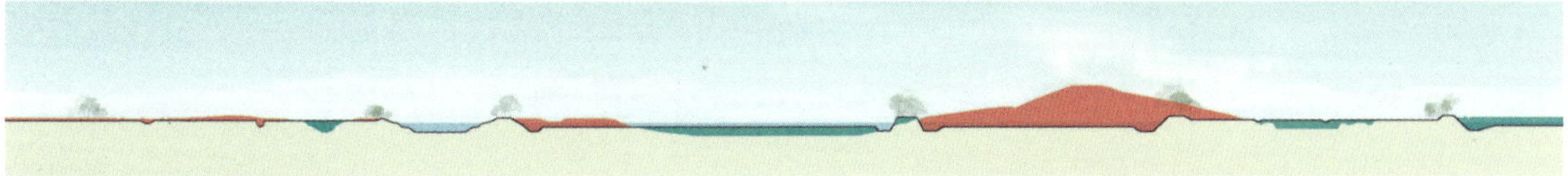

重塑地貌，形成湿地湖岛景观

将台田技术引入生态营造

将农业生产经验与城市生态修复相融合，因地就势、填挖平衡、堆山理水，重塑湿地水网，营造出具有山水意象的湿地湖岛景观

历次优化项目总平面图

传承北方水乡的传统文化与格局，保留并提升农田肌理，形成复合型、生态化的农业景观带；建体验式景园，以花园的四季变化承载城市的多元活动与多样事件，促进交往、提升活力；造都市果园，以农业生产为基础，拓展林下经济，开发农业体验和人文交流活动，传承乡土农耕文化

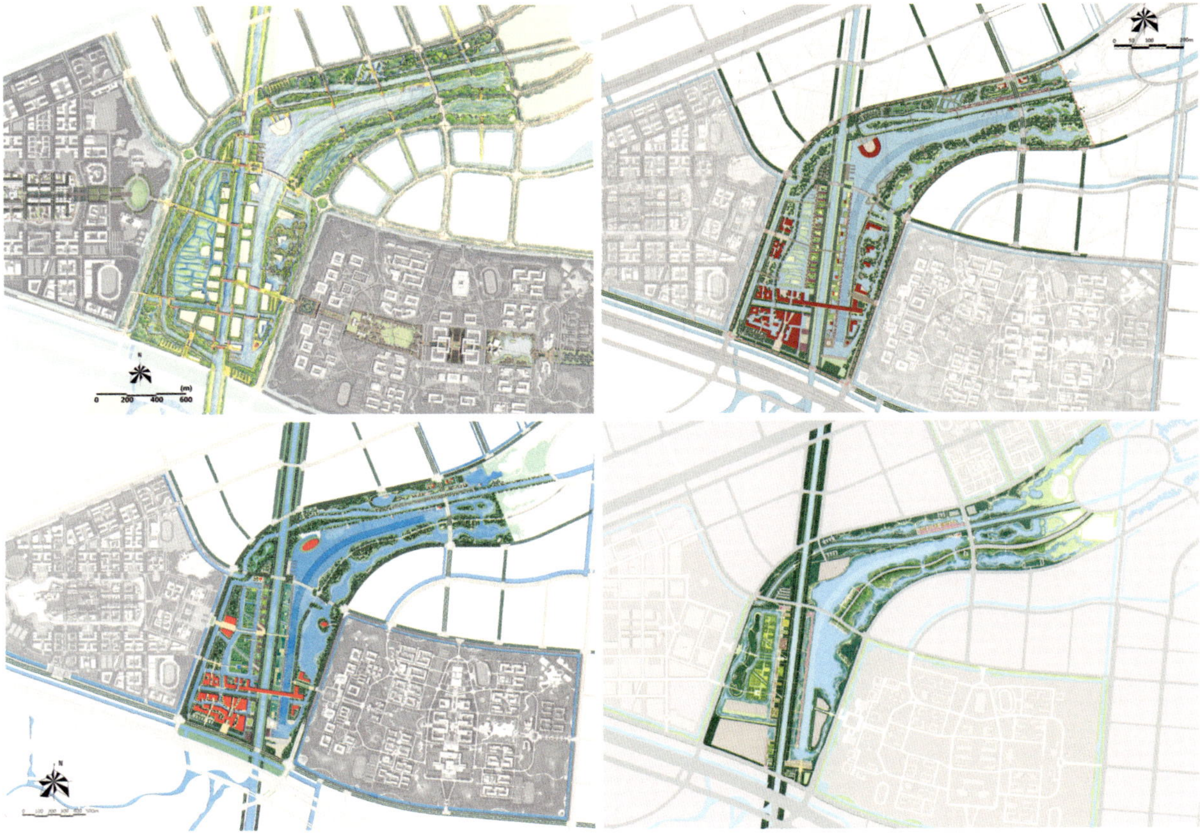

区域雨洪管理

以公园为中心，将周边地块的雨洪管理网络相连，形成湿地河网体系，构建区域生态基础设施。蓝绿交织的海绵体增强了雨洪调蓄的能力，解决了域内夏涝冬旱问题，营造了场景各异的水景空间

项目实景

项目实景

精明运作、以园养园

控制前期成本，密植小规格乔木

适时间苗，补贴绿廊持续建设与维护成本

植入都市休闲场所，实现景观与城市共同生长

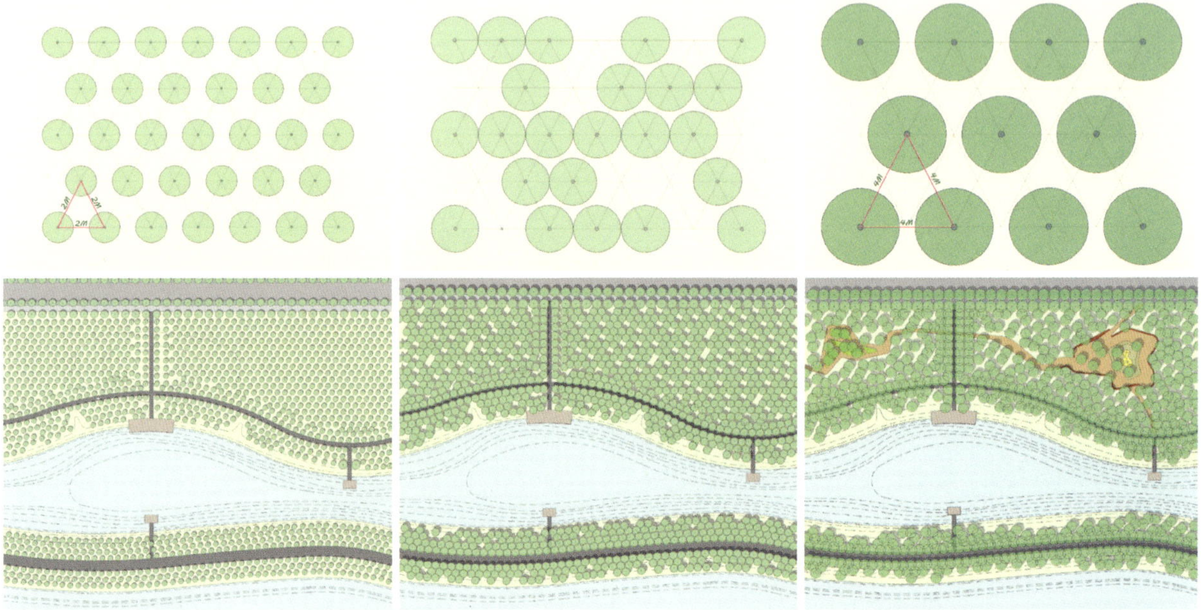

林下休闲场所效果示意

都市休闲农业走廊实景

造都市果园，以农业生产为基础，拓展林下经济，开发农业体验和人文交流活动，传承乡土农耕文化

凯州新城中央公园及城市核心区城市设计

项目简况

凯州新城地处四川省德阳市中江县南部地区，位于成都一小时经济圈内，项目以“成都东部新区智能制造产业集群”为主要定位，未来将成为成都、重庆、德阳协同发展的重要节点。凯州新城位于龙泉山东侧，基地呈现出川西林盘式的丘陵地貌特征，同时拥有都江堰灌区水利工程——人民渠作为地域文化符号，自然之美与人文智慧在此交汇。设计以 7.36 平方千米的核心区为启动引擎，融合历史发展机遇，促进自然生态文明，挖掘人文智慧印记，提出构建“山、水、林、田、湖、城”生命有机体的规划理念，以现状山水格局为框架，为凯州新城未来的发展绘制了“一半山水一半城”的美好蓝图，描绘了“山水共生，生态营城，诗意栖居，有机生长”的城市愿景，力求打造生态文明时代的营城典范。

项目总平面图

鸟瞰效果示意

总体基础分析——山体

地形地貌及高程分析

梳理山体脉络，合理平整场地，保留山体格局

现状实景：基地呈现出川西林盘式的丘陵地貌特征

规划方案：与城市发展相结合，营造“山环林抱”的城市空间意象

总体基础分析——水系

流域及汇水分析

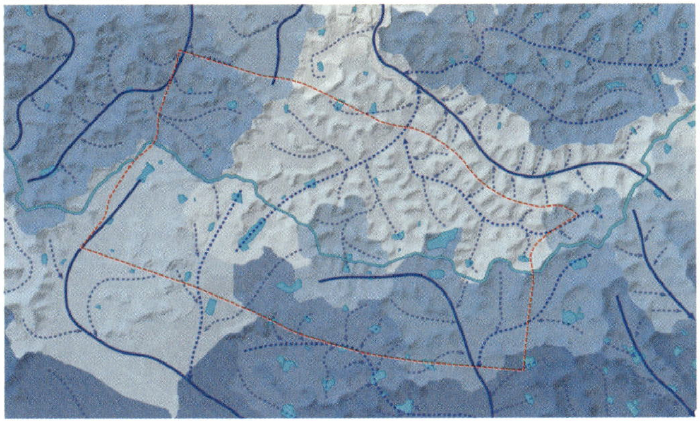

因势梳理汇水通道及陂塘水面，形成长藤结瓜式的浅丘水网系统

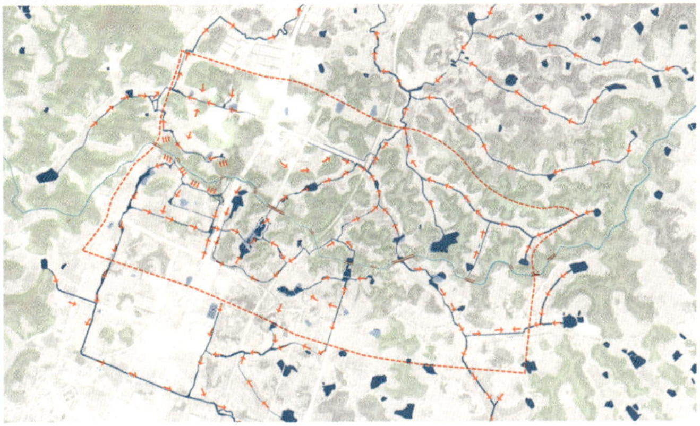

现状实景：都江堰灌区水利工程人民渠与现状水系

规划方案：保留地域文化符号人民渠，将生态基础设施融入城市空间

总体基础分析——农田

现状用地分析

保留伴水而生的低洼湿地田园走廊

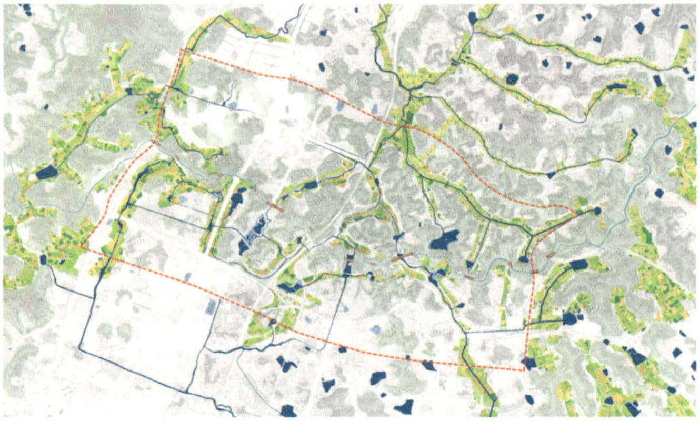

现状实景：人、田、宅、林、水共生的川西乡野风貌

规划方案：将农业生产融入城市景观，减少运营成本，同时创造田园城市空间特色

总体基础分析——道路

原规划方案道路分析

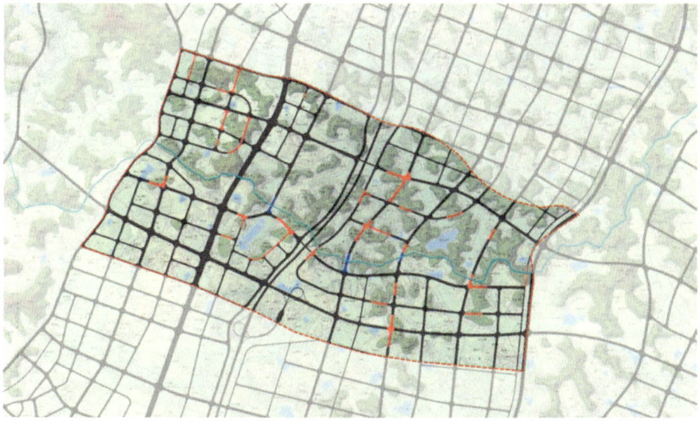

因地制宜，随坡就势，科学规划道路系统

现状实景：按原规划方案建设的路网与人民渠渡槽的冲突

规划方案：合理避让汇水通道、田廊、山体与人民渠渡槽，营建山水城市特色道路

凯州新城启动区方案

地形及汇水分析　　根据地形地貌梳理汇水通道　　维护山体特征，进行山体复绿　　保留田园景观廊道

凯州新城启动区区位图

地形地貌规划道路、游憩路径

布置功能地块，塑造特色节点

规划方案

原规划方案

新城启动区城市设计方案鸟瞰效果示意

柬埔寨金边新城概念规划

项目简况

金边新城位于湄公河东岸，与金边老城隔河相望，总规划面积为 380 平方千米。金边新城是柬埔寨首都金边空间扩展的首选之地，未来将集聚金融、商务、商业、文化、会展等功能，成为东南亚地区的金融商贸中心、国际交往中心和文化旅游中心。湄公河的水流量在枯水期和泛滥期差异极大，特殊的气候及环境变化使得规划面临极大的挑战。构建蓝绿交织、水城融合的开放空间网络，形成生态基础设施系统，作为海绵城市载体承担雨洪调蓄功能，维护城市生态安全，成为规划的首要目标。被水系分割而成的岛屿成为城市发展的核心区域，最终形成自然生长、生态宜居、文化多元、功能复合、人口聚集的新城片区，成为金边产业升级、城市复兴、区域协同的新基点。

项目区现状用地及雨季洪泛区分布

基地西南侧由湄公河形成天然的边界，东侧有河流穿行而过，村庄、果园、道路沿河堤的高地展开，内部地势低平，在中央形成由稻田、荷塘、灌丛、湖面、河道交织的平原。基地地处湄公河洪泛区，一年两季、雨旱分明，特殊的地理和气候条件形成了基地特殊的生态系统

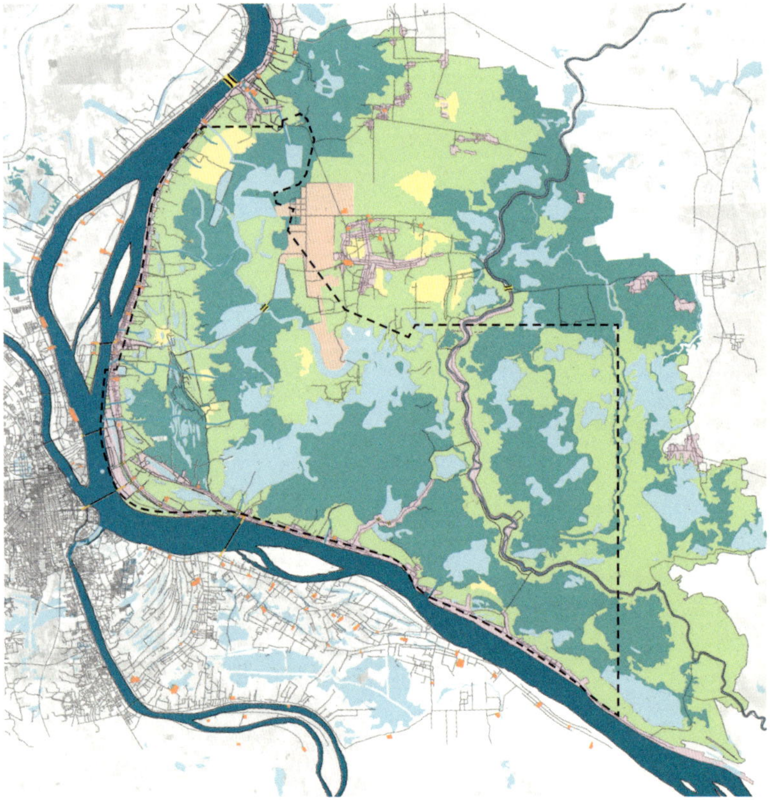

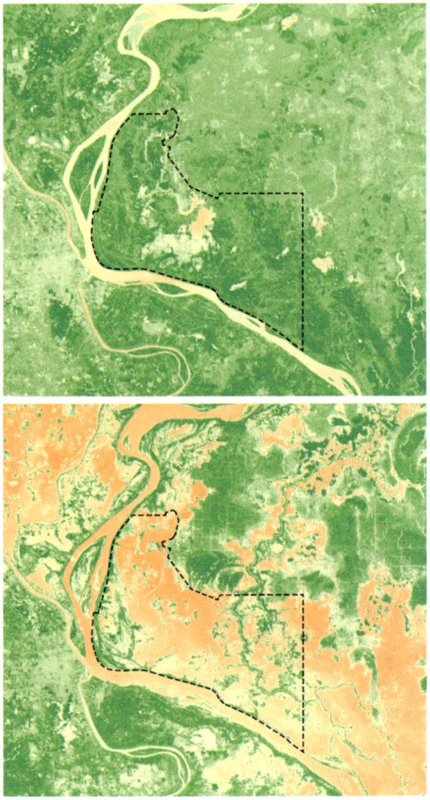

水文系统分析

西侧的湄公河水量丰富、流量变化大，东侧河道是重要的农田灌溉河道，高地之间的雨水径流在基地中央汇集成内河水系；基地内部大小的洼淀、水塘是雨洪调蓄、湿地农业生产、物种多样性保护的重要场地。在雨季，众多水渠将溢流的河水分流至中央农田，雨季过后，场内的积水又通过水渠回补至湄公河

湄公河与场地东侧河道

内河与湖

双向水道

方案生成

保留主要水道与中部的洼淀、水塘，共同构成区域骨架水系，将基地自然分割为若干个岛屿，形成城市发展区域；滨水塑造城市绿廊，形成水绿交织的开放空间网络。在此基础上构建核心城市发展带、滨水生活发展带、传统村落田园发展带，形成自然生长、生态宜居、文化多元、功能复合、人口聚集的新城片区

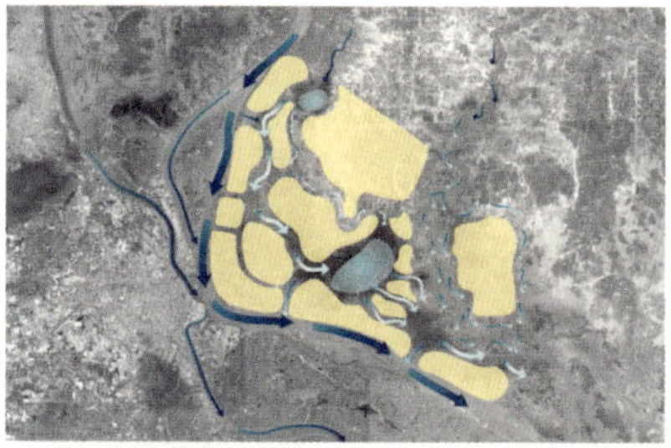

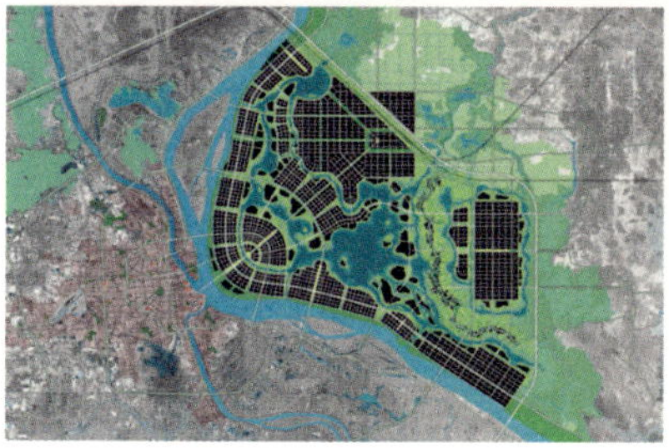

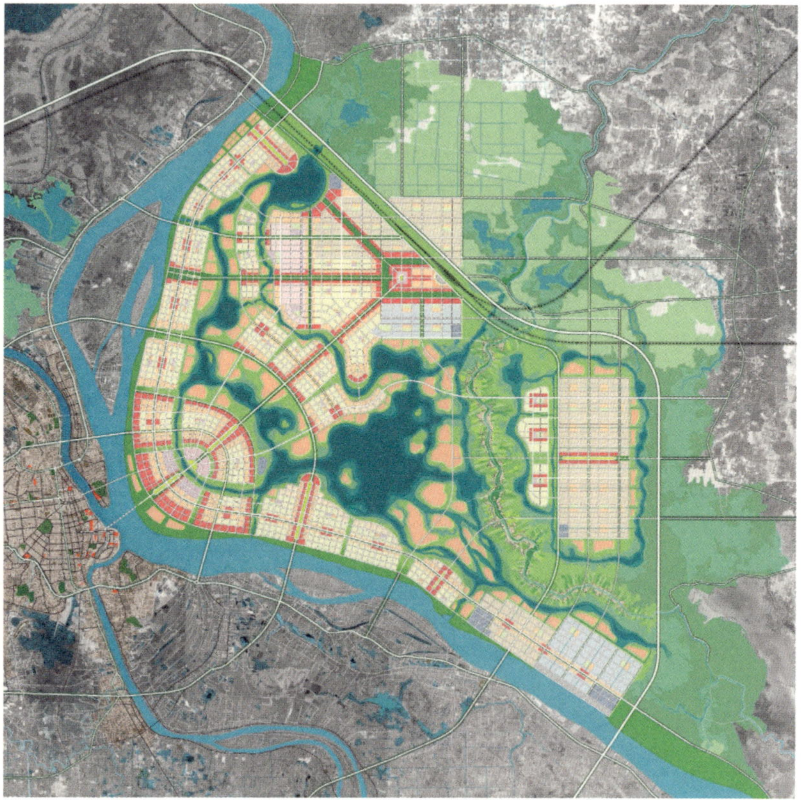

天津空港经济区产城融合示范区国际生活区景观规划

项目简况

本示范区位于天津市双城中间绿色生态屏障区范围内，滨海国际机场东北侧，作为双城中间的重要建设板块，并且依托国际枢纽机场，将成为具有环境品质、发展潜力的产城融合示范区，满足未来需求的典范国际社区和创新理想家园。本项目是示范区生态基础设施体系的有机组成部分，景观总面积为 205.8 公顷。设计运用中国传统智慧造园手段，对标国际水岸空间营造，通过保护生态资源提升生态效益；建立水安全格局，创造安全保障；连通生态廊道，贯通慢行通道；丰富景观空间类型，承载多样活动功能；挖掘文化内涵，提升地区魅力；配套智能化基础设施，提升人性化服务。通过采取以上多元策略，项目将建设成为生活、生态空间高度协调，土地高效利用的一流人居生活区。

景观规划总平面图

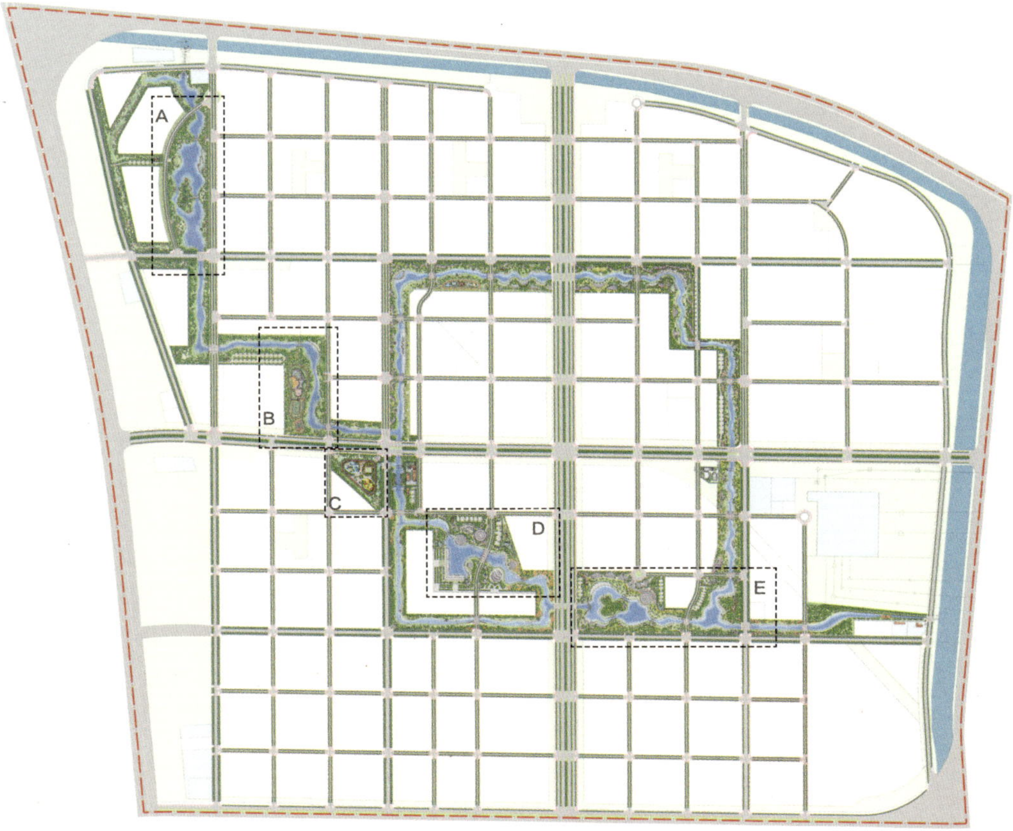

局部平面图 A

局部平面图 C

局部平面图 B

局部平面图 D

局部平面图 E

竖向系统规划

统筹雨洪管理、水质保持及水循环、桥下通行功能、自然排水系统、景观亲水舒适性，规划有梯度的高程系统

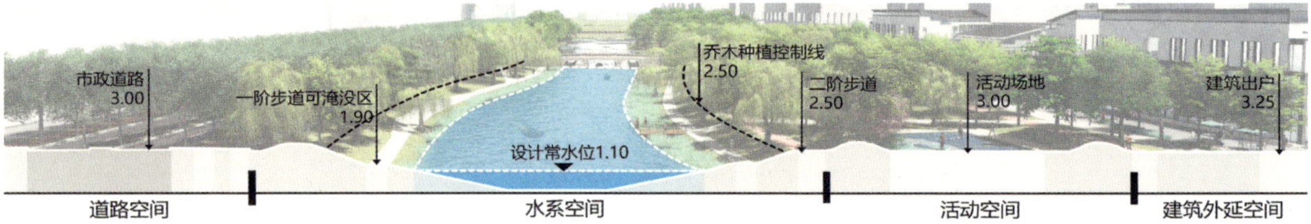

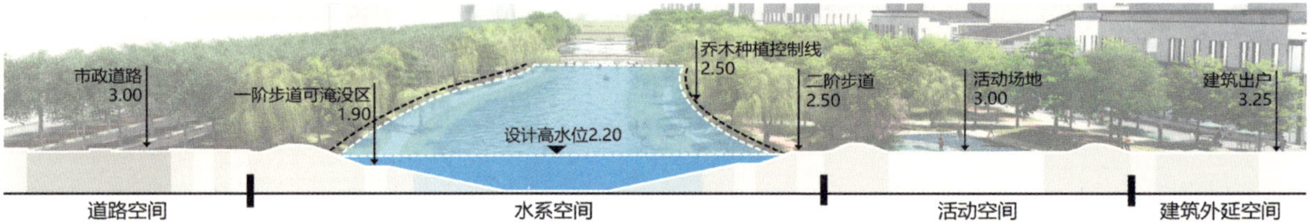

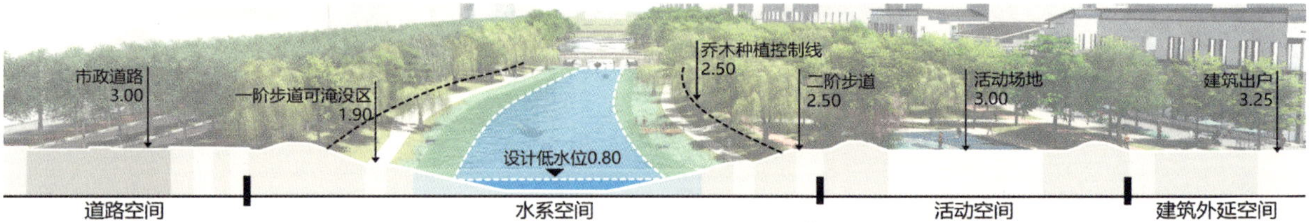

空间场景效果示意

空间场景效果示意

天津市蓟州新城环境景观研究

项目简况

规划结合蓟州新城的自然地理格局和水文特征，打通北部山区与南部平原间的山水通廊，将生态基础设施、游憩服务设施、文化景观设施融入城市，以景观规划为先导，城市规划、生态规划、景观设计、市政设计上下联通，一体化规划、设计、实施，为业主提供全过程服务，保障设计实施效果，提升设计满意度。

蓟州区水文格局

蓟州新城水文格局

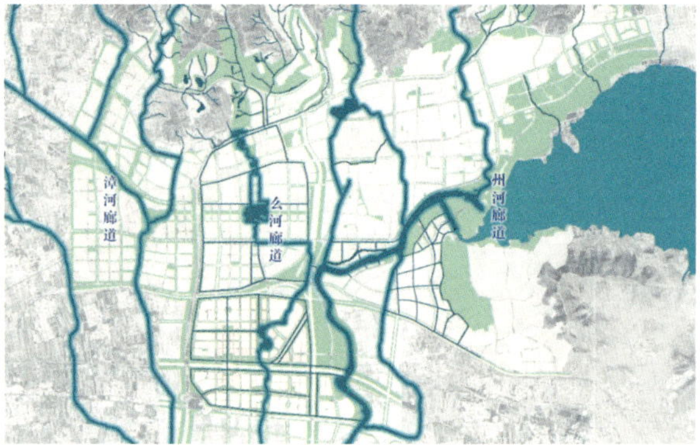

中心组团水文格局

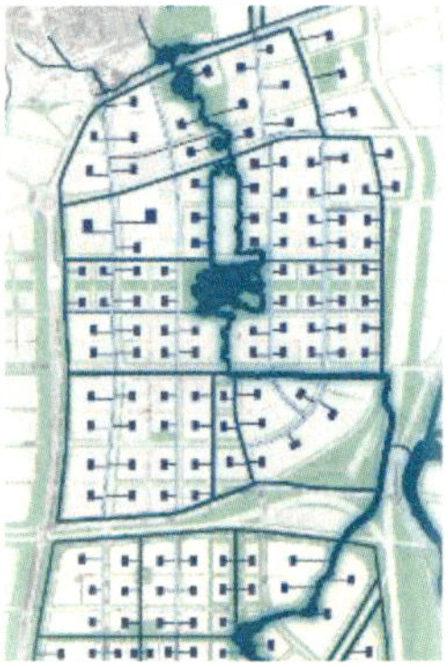

中心组团山水通廊效果示意

中心组团海绵系统结构

以幺河流域为核心，结合绿环绿廊、街道广场、斑块街区等生态景观空间，构建干、枝、梢、果四级海绵绿网系统，维护区域生态安全，形成景观游憩网络

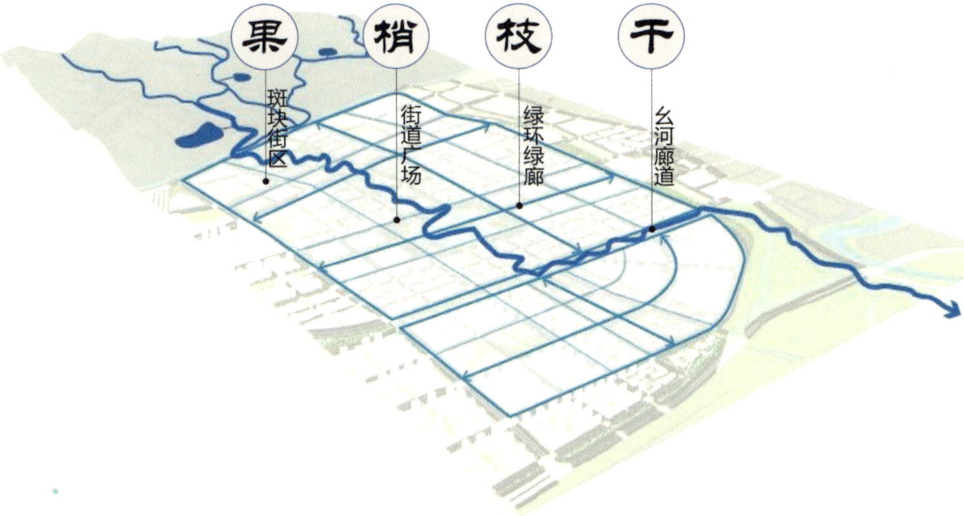

干

河湖湿地构成区域海绵本底，是雨水汇集和涵养的基础

枝

城市建成区的水系绿廊是城市回归自然水文过程的生态空间

梢

完善街道和路边开放空间的海绵设施，形成径流汇集的源头

果

构建街区和斑块内部的海绵设施，保证对海绵目标的控制

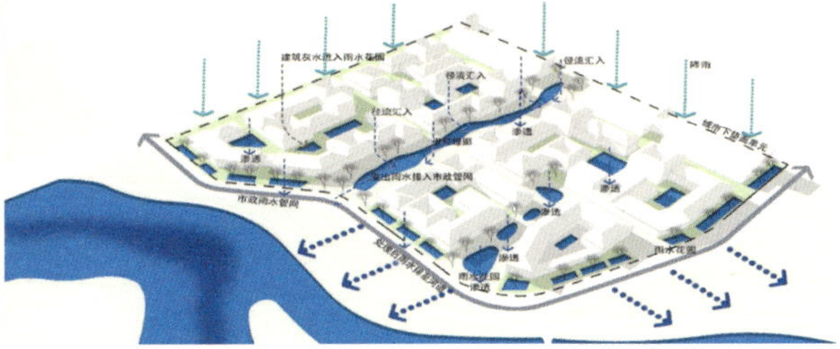

州河文化景观长廊规划

规划结合州河河道景观改造，挖掘蓟运河的文化景观价值，植入文化休闲产业设施，建设州河文化景观长廊；在串联两翼的新城、老城的同时，挖掘河道周边闲置土地的价值，服务两岸的社区，带动区域产业发展

蓟运河流域布局

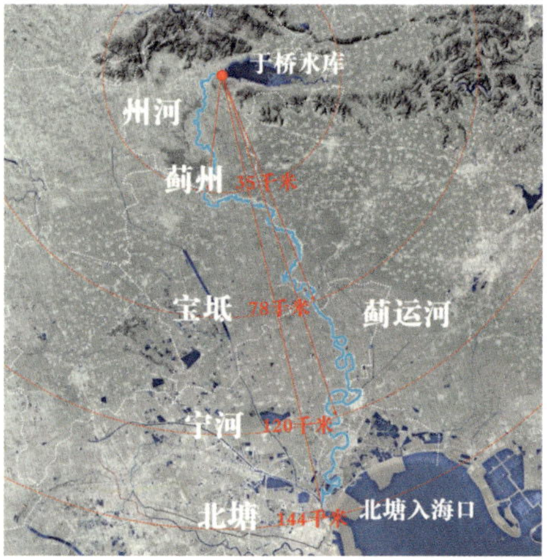

州河十景平面示意

“州河五公里”地区效果示意

州河生态化改造

在河道疏浚改造过程中，在满足河道过水断面的防洪要求的同时，对传统的硬质化、工程化河道进行生态化、景观化改造，减小护堤坡度，覆土种植，植入景观游憩设施

生态化改造模式

河道段现状

河湾段现状

柳树滩段现状

河道段改造方案

河湾段改造方案

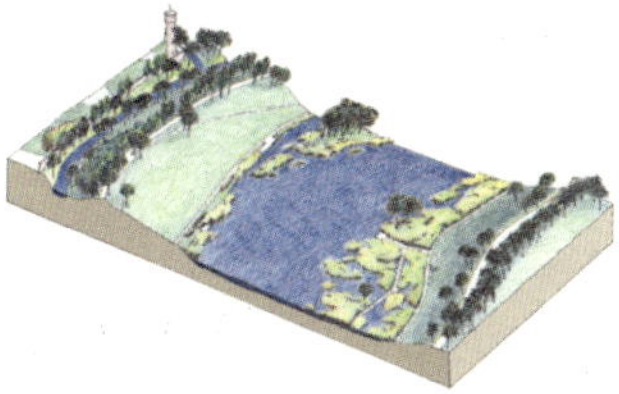

柳树滩段改造方案

州河改造前实景及改造后效果示意

河道改造前后实景对比

多元化游憩设施实景

生态化河道实景

06

生态聚落规划与设计

ECOLOGICAL SETTLEMENT PLANNING AND DESIGN

在快速城市化进程中，许多城市采取了摊大饼式的发展模式和标准化的建造方式，却忽视了与地域的大景观生态系统相融合，导致城市风貌趋于同质化，生态环境问题愈发严重。与此同时，乡土景观遭受了巨大冲击，片面追求形式上的城市化，造成千村一面的现象，破坏了千百年来保留下来的乡土风貌和传统地域文化景观。

乡土景观展现了人与自然相互作用的过程，它适应自然环境，是时间的见证，是人类无数次与自然灾害进行斗争的结果，是朴素的生态经验，是人类“生存的艺术”。乡土景观展现了人类如何将自然荒野转化为诗意的人居环境，乡村聚落系统与自然系统、农业系统有机融合。特定的自然环境孕育出具有特色的乡土景观，例如川西的林盘聚落景观、华北沿海地区的台田景观、太湖流域的塘浦圩田景观、珠江三角洲的桑基圩田景观等，这些景观风貌各异，充分展现了地域特色的多样性。

在进行乡村生态聚落的规划时，应充分解读乡土景观系统，将聚落、农业系统以及外围的自然生态环境作为一个整体来研究，以形成具有地域性的特色生态聚落景观。一方面，能够保护和延续乡土文化，维护脆弱的生态环境，应对全球气候变化的风险等；另一方面，有风景的地方就会有新经济，特色景观的保留与营建也是“乡愁经济”发展的动能。

1:100000

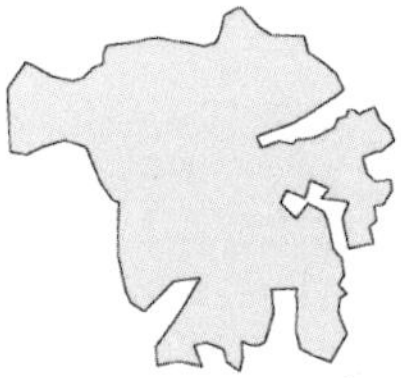

01 天津西井峪历史文化名村景观规划与设计

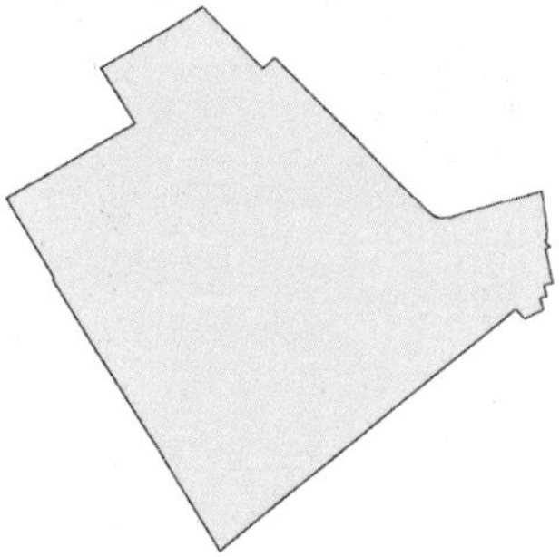

02 西青区王稳庄镇大侯庄村村庄规划

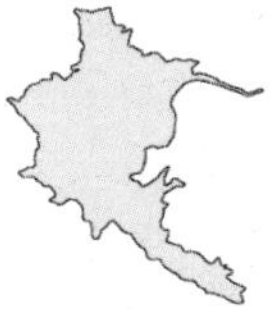

03 云南安宁玫瑰山谷规划设计

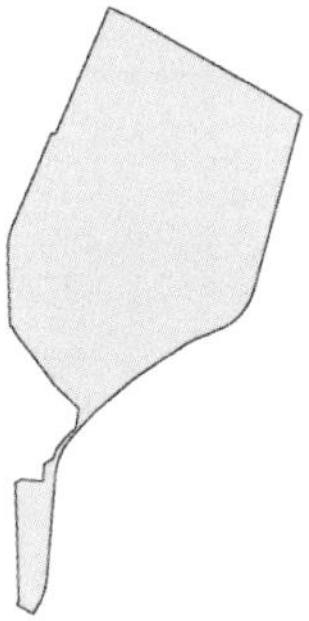

04 胡张庄村空间布局研究

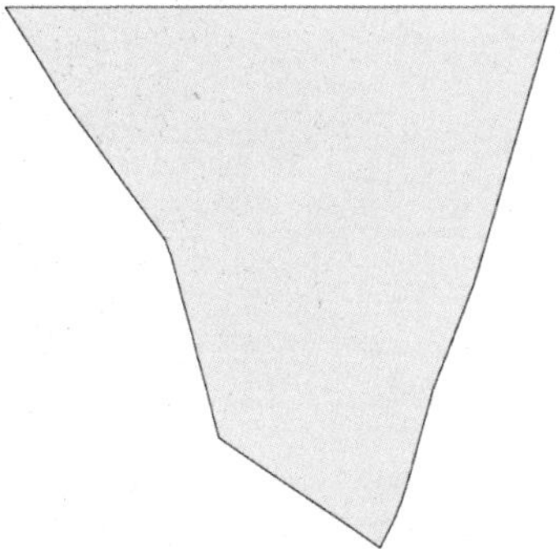

05 宁车沽片区概念规划

06 天津市蓟州区青甸洼西马营水村概念设计

天津西井峪历史文化名村景观规划与设计

项目简况

“石头村”西井峪是位于天津市蓟州区的一座历史文化名村，具有传承乡村文化景观的特殊使命。它同大多数乡村一样面临着经济萎靡、发展迟缓、生态恶化、风貌衰落等问题。项目规划范围为 328.7 公顷，设计团队深入在地考察和研究，从民居单元、村庄聚落、农业生产空间以及承载聚落的自然地理环境中发现人地关系的规律，挖掘西井峪村的景观风貌特征，不仅注重乡村特色物质空间的修缮、保存、再利用，同时也探索地域建造技术的传承和发展。设计以石头和食物为建造材料，以“地尽其利、物尽其用、人尽其能”为建设原则，最大化利用乡村的物质资源以及村民的智慧和经验。在深入分析和理解乡村景观的基础上，设计团队与村民共同设计、合作营造，让村民真切感受到了传统风貌保护带来的发展机会，从而达成共识，启发新观念。四年的在地服务唤起了人们对“石头村”传统地域景观的认同，从而激发出活化传统的持续内生动力。

西井峪村航拍实景

西井峪村复合生态系统景观解读

从民居单元、村庄聚落 、农业生产空间以及承载聚落的自然地理环境中发现人地关系的规律，挖掘独特的地域文化

现状宅基地单元石砌边界景观模式分析

挡土墙化解高差

台阶 + 过渡平台

双层墙 + 入口

挡土墙 + 种植带

入户坡道 + 座椅

挡土墙 + 种植带（核桃树）

墙内高树 + 墙外座椅

带状菜地 + 围墙

错位围墙 + 座椅

宅基地边界既是村民居住空间的分界，也是村落中最为生动的风景线。各家院落有大有小，形状各异，封闭程度也各不相同，这些居住单元与特定的地理、地貌、区位相结合，便产生了千姿百态的非人工设计所能达到的丰富变化。这反映了传统乡村的共性：地域自然资源的特质常常决定了结构方法，结构方法又大大约束了表现形式。这个贯穿始终的建造逻辑使得村庄风貌成为变化丰富而又和谐统一的元素的集合

边界景观修缮模式示意

恢复宗地石墙边界模式——现状

恢复宗地石墙边界模式——效果示意

恢复传统的院落形式——现状

恢复传统的院落形式——效果示意

沿路空间的整治——现状

沿路空间的整治——效果示意

结合村庄现有资源及实用经验，用石头和食物做设计。第一，使用本地材料，严格控制造价，将景观维护的难度和成本降到最低；第二，使用当地熟悉的建造工艺，促使更多的村民参与建设，有助于本地传统工艺的延续和发展；第三，将设计融于无形，使新建造的景观融入现有环境，让人身在其中却感受不到设计的痕迹

传承民艺，干砌石工艺的再创作

干砌石工艺有采石、选材、测量、标点、找水平、挂线、敲打、垒砌等多个工序，是村民世世代代积累下来的自然知识、建造技术和生存技巧。景观营造工作的一个重要部分就是把“砌石头”这一过程放在可持续发展与绿色低碳理念的造物语境中，重新激发传统技艺的生命力

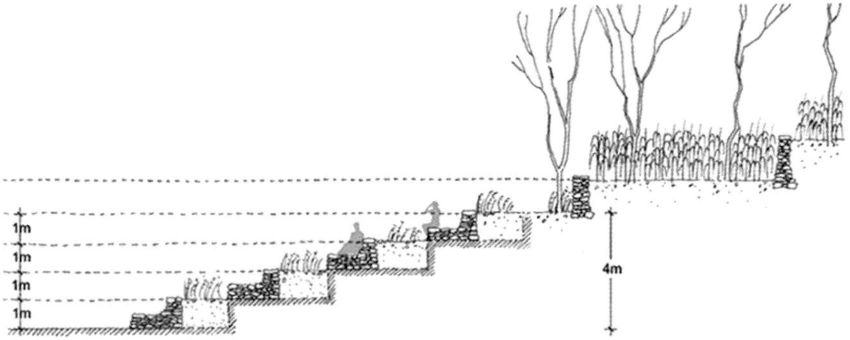

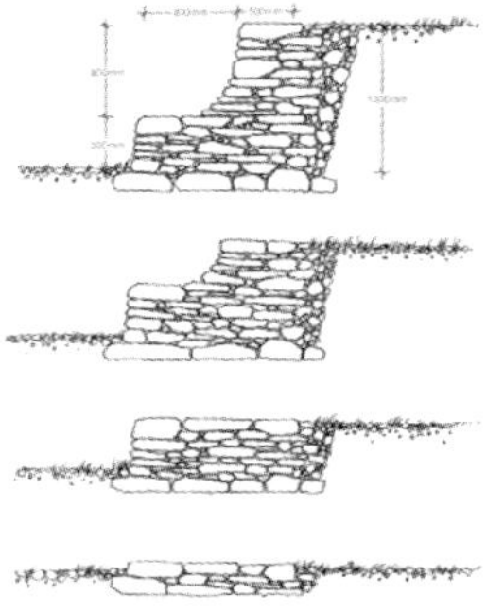

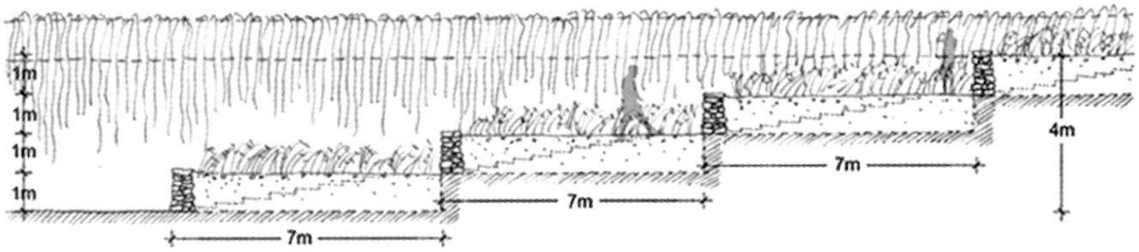

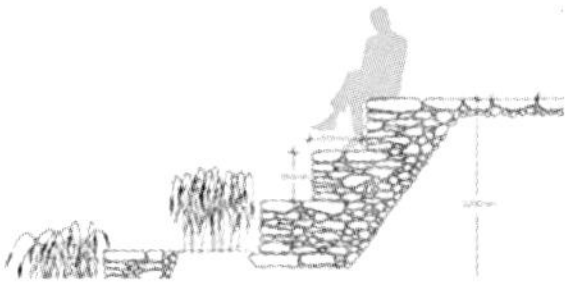

邀请村里的石匠一同在地创作，共同研究

项目团队改进沟通方法，采用更容易理解的手绘形式在现场与村民进行讨论，研究如何区分好料和坏料、就地利用基岩造景、改良无障碍设施、利用干砌的特点做排水设施，共同创作一系列新砌石景观，让村民认识到砌石头工艺带来的美学、文化价值和发展机会，让“把西井峪建设得更像西井峪”成为设计师与村民的共识

项目实景

项目实景

西青区王稳庄镇大侯庄村村庄规划

项目简况

大侯庄村位于天津市西青区王稳庄镇中部，是天津市 100 个乡村振兴示范村之一，规划面积为 771 公顷。村庄依托津淄公路、津王公路、荣乌高速等区域交通干线发展，临近王稳庄镇示范小城镇、赛达工业园等镇级主要城市功能片区，周边有鸭淀水库、西青生态绿廊等优势生态资源，为村庄发展提供了良好的条件。未来大侯庄村将发展成以绿色产业集聚、服务园区配套、居民生活共享、休闲旅游打卡为发展目标，集生态建设样板区、城乡融合示范区、绿色农业生产区、生态旅游休闲区于一体的湿地田园综合体。

项目鸟瞰效果示意

项目总平面图

村庄场景效果示意

云南安宁玫瑰山谷规划设计

项目简况

项目地处云南省昆明市西南部的安宁市相连村，设计范围为 142 公顷；以相连村为起点，依托现有的玫瑰产业、自然资源和文化氛围，推动独具特色的整体环境空间的改造提升，促进文化旅游产业的联动发展，增强一二三产业的良性互动。设计师受当地的水文地理环境启发，提出了“山谷中的桃花源”的理念，通过对森林、水系、村寨、梯田要素的梳理发现问题，实现功能合理、自我调节能力强的养分循环模式，构建人与自然高度融合、可持续的景观空间系统；并依据总体空间结构对重要节点展开景观方案设计，合理布局，满足生态、游憩、旅游、接待等功能需求，营造人性化、特色化、生态化的景观空间。

总体空间布局

地理格局分析

地貌分析

高程分析

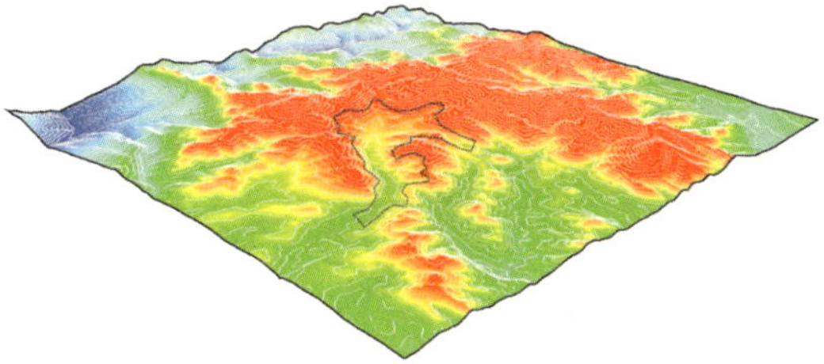

核心设计策略

综合统筹森林、水系、村寨、梯田的共生关系

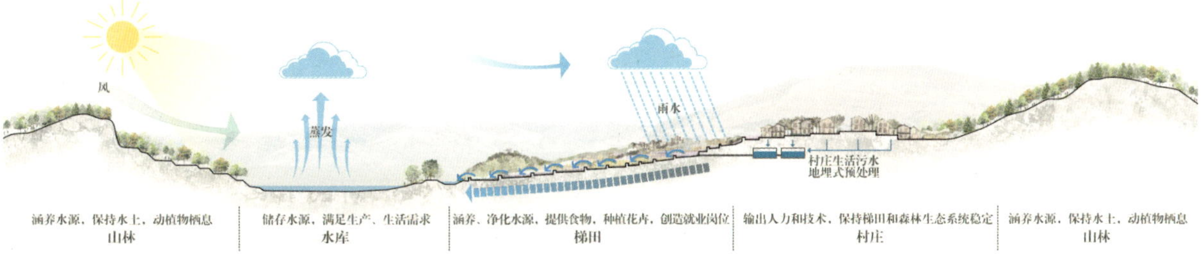

总平面图

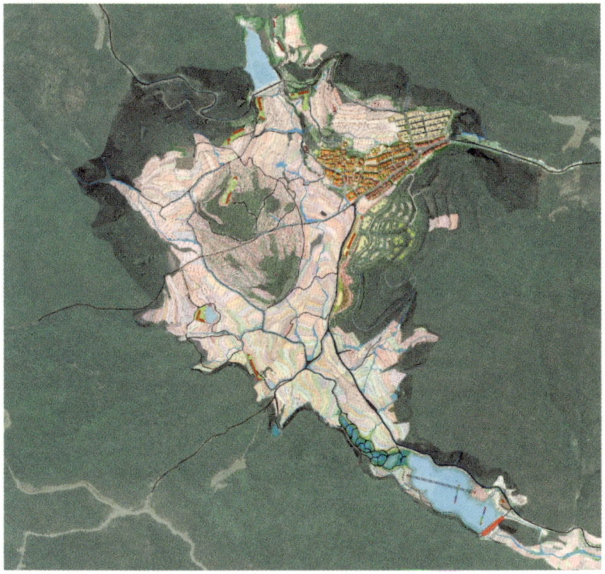

空间布局结构

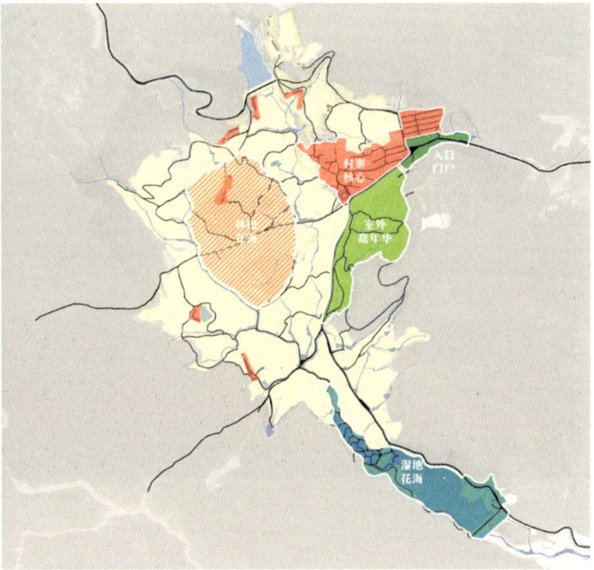

重要节点方案

室外嘉年华——花海景亭——空间关系断面图

室外嘉年华——花海景亭——空间场景效果示意

重要节点方案

室外嘉年华——山谷剧场——空间关系断面图

室外嘉年华——山谷剧场——空间场景效果示意

重要节点方案

村寨核心区——商街——现状

村寨核心区——商街——改造方案

村寨核心区——商街——场景效果示意

重要节点方案

村寨核心区——庙街区——现状

村寨核心区——庙街区——改造方案

村寨核心区——庙街区——场景效果示意

重要节点方案

村寨核心区——月老庙片区——现状

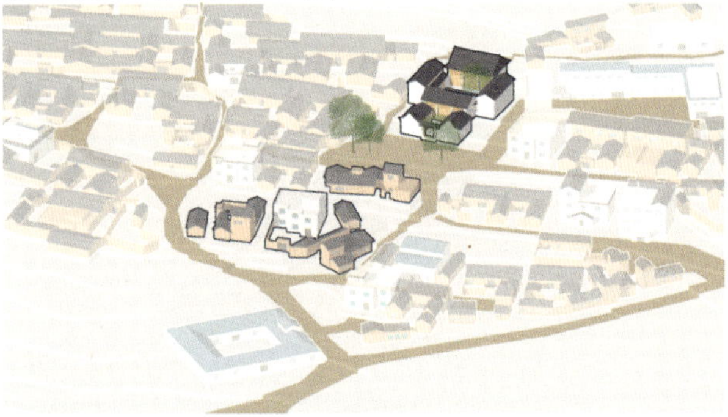

村寨核心区——月老庙片区——改造方案

村寨核心区——月老庙片区——场景效果示意

重要节点方案

村寨核心区——梯田民宿区——现状

村寨核心区——梯田民宿区——改造方案

村寨核心区——梯田民宿区——场景效果示意

胡张庄村空间布局研究

项目简况

胡张庄村位于天津市东丽区华明街，紧临东丽湖，是天津市乡村振兴示范区，周边休闲康体旅游设施集聚，具有一村一品的葡萄种植特色。项目规划研究范围为 348.5 公顷，未来将结合生态屏障建设与区域农业发展，建设成生态涵养、绿色农业、都市农旅三位一体的田园综合体。具体措施如下：完善交通系统，建设环片区最美田园路，提升沿线景观，以景观打底，提振葡萄主题乡村旅游；重新规划布局农业灌排体系，保证用水、排水通畅；围绕建设用地核心区，结合现状坑塘打造生态化湿地片区，为文旅休闲业态提供朴素自然的、林田水草复合的生态乡村风貌，最大化建设用地区域价值。

项目鸟瞰效果示意

村域范围总体布局

改变原规划方案地产开发型别墅式的用地布局，尊重现状功能分布，确定中部区域为核心区，整理地形水系，于平地中塑造湿地湖岛风貌，沿水布置带状建设用地，最大化景观资源

原规划方案

现规划方案

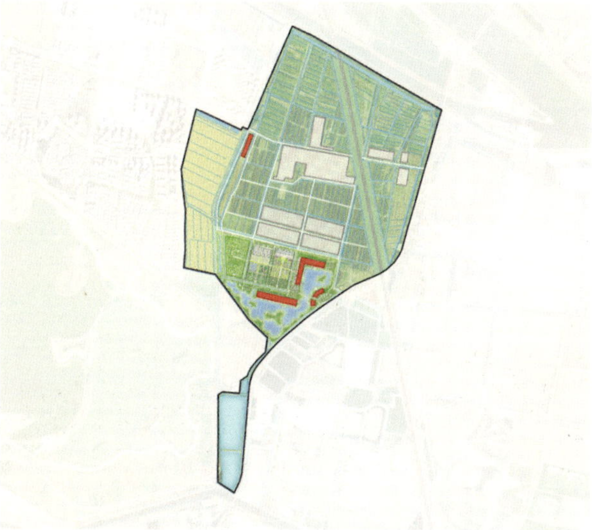

核心区功能布局

东南侧重塑现状鱼塘作为湖岛核心区，临水布置综合服务中心、乡村餐厅等公共服务设施，在安静处布置特色民宿区，农用地片区预留设施农业及仓储中心等功能用地，利用特色种植区打造多元活力空间

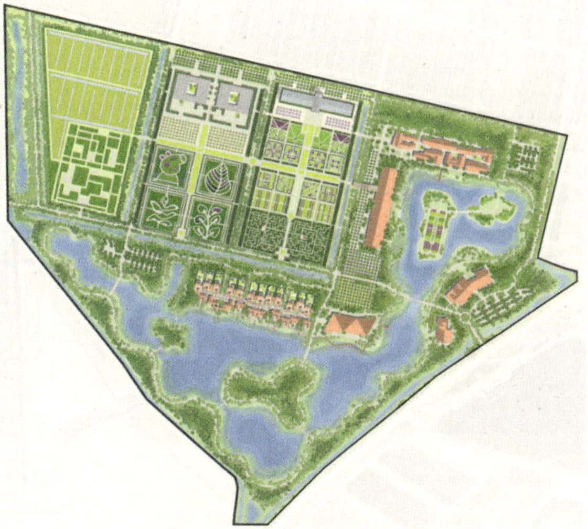

项目实景

项目实景

宁车沽片区概念规划

项目简况

项目位于天津市滨海新区北塘街北部，主体产业为稻渔综合种养，呈现出“一分农田、三分鱼塘”的格局，是国家大宗淡水鱼天津示范区和国家蓝色粮仓科技创新项目示范基地。项目总用地面积为 44.86 平方千米，示范区面积约为 10 平方千米。规划提出“科技共沽水一色，田园与产业齐飞”的“产 - 景 - 村”产业融合发展新模式，推进三产联动发展，打造生态环境修复、绿色农业示范、田园旅游休闲、科技产业创新四位一体的产业复合发展模式。规划构建田水共生的蓝色底板，形成荡显城隐、融合自然的水乡格局，展现江南韵、北塘味、津沽魂、国际范的特色风貌，打造零碳无废创新聚落、津沽农旅田园水乡。通过以宗地为单元的土地开发模式的创新探索，将资本开发模式创新以及科技创新作为项目开发的切入点，驱动土地资源、社会资本、科技、人才等生产要素聚集，实现乡村产业与文化振兴。

示范区总平面图

核心村总平面图

水系结构

传承北三河地域文化，打造津沽农旅田园水乡

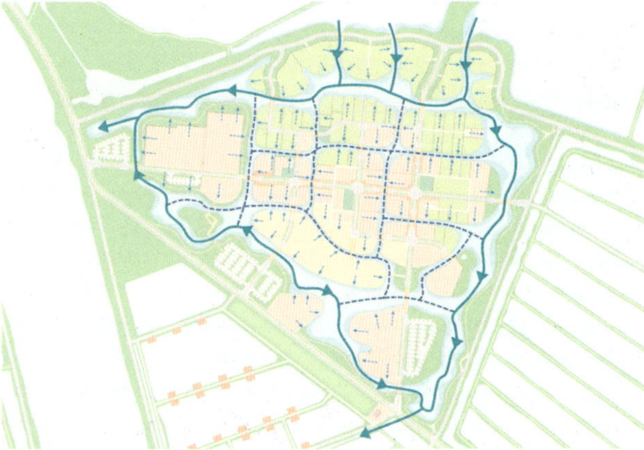

开发模式

探索农村集体经营性建设用地入市模式

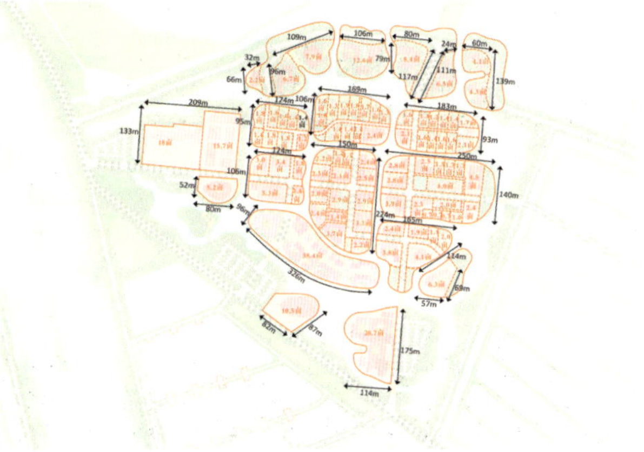

总体鸟瞰效果示意

景观效果示意

潮白河故道

鸟类栖息地

观鸟长廊

湖畔营地

水岸宿集

美食民俗街

天津市蓟州区青甸洼西马营水村概念设计

项目简况

本项目利用蓄滞洪区内唯一的现状村台，结合其低洼的地势和特色村庄肌理，打造水村公共景观，提升旅游服务设施，引导村民对旧有宅基地进行改造利用，打造独具特色的北方水上村落，形成青甸洼田园综合体的旅游服务节点和特色旅游设施。

现状村庄肌理

村庄改造平面图

现状航拍照片

改造效果示意

改造效果示意

07

城市更新规划设计

URBAN RENEWAL PLANNING AND DESIGN

早期见缝插针式的土地开发造成了城市基础设施、公共服务设施不足，道路、绿化不成体系等问题。而摊大饼式的土地开发存在开发强度过高、千城一面等问题。随着城市土地资源日趋紧张，开发成本不断提高，大拆大建的土地开发模式难以为继，城中村管理、集体产业升级、低效用地盘活等成为老旧城区更新的关键问题。

老城地区用地权属、用地类型错综复杂，因此城市更新的建设和管理应体现差异化策略，以重构城市系统格局为首要目标，疏管结合、刚弹并济；在尽可能尊重现状的基础上，完善道路交通网络，构建生活圈体系，营造开放空间系统；对公益性设施进行统一建设、刚性管控，保障居民的基本生活需要，提升环境吸引力。

其他非公益性用地的更新以产权为边界，在系统调查评估的基础上，精细引导、弹性管控；在保障用地安全性、合法合规性的前提下，增强使用功能兼容性；在改善居住条件的同时，为居民提供长远生计保障；盘活利用存量建设用地、集体产业用地，提高土地价值和利用效率。

1:50000

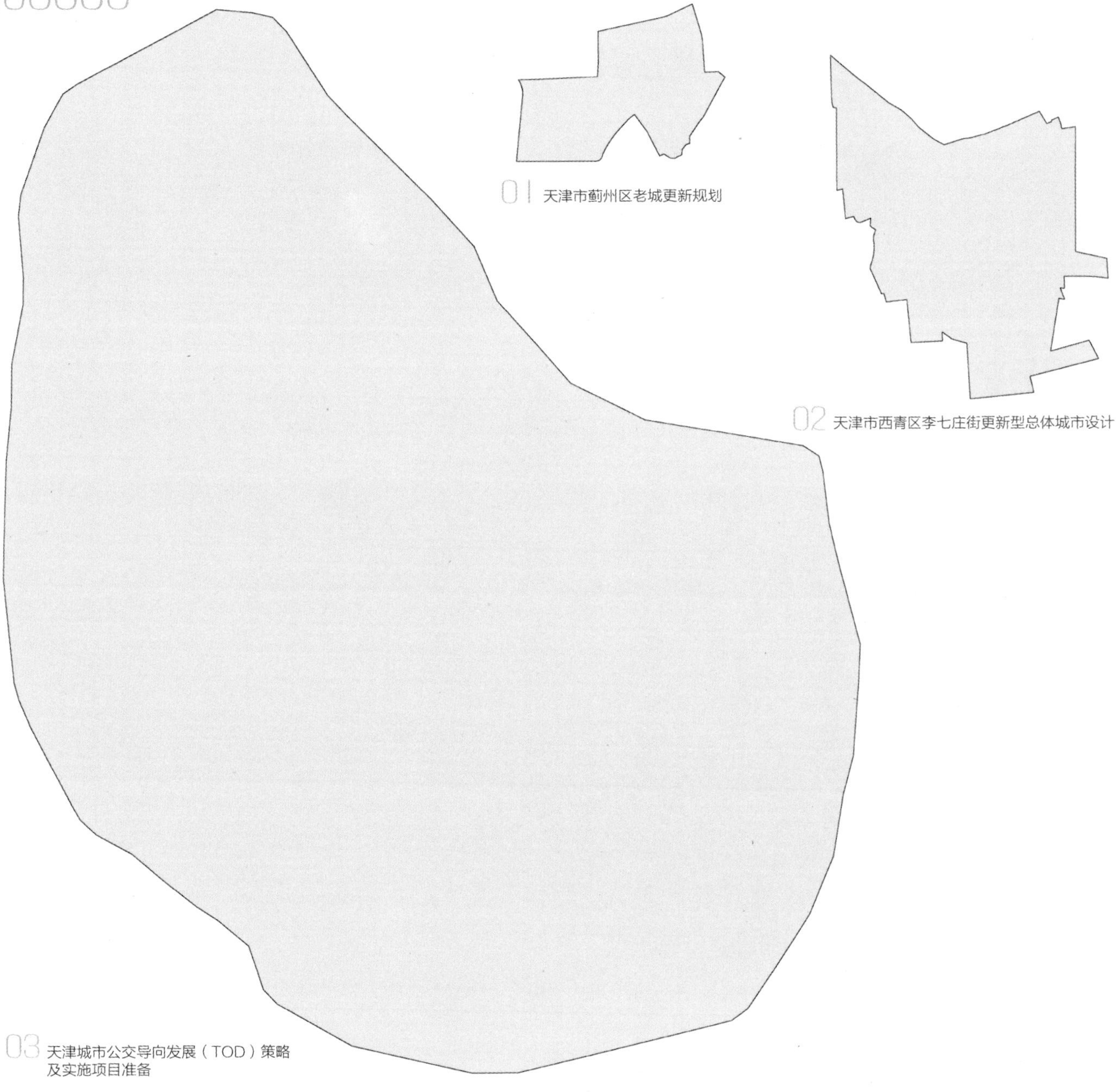

01 天津市蓟州区老城更新规划

02 天津市西青区李七庄街更新型总体城市设计

03 天津城市公交导向发展（TOD）策略及实施项目准备

天津市蓟州区老城更新规划

项目简况

蓟州老城片区位于城区中部，紧邻古城。区域内用地混杂，交通、配套设施不足，土地开发受限。随着发展方式的转变，传统的大拆大建难以为继，城中村棚改计划几经搁置，城中村就地安置、提升改造政策模糊，难以施行。老城更新规划对 79 个城中村进行分类整理，其中新城村庄继续结合城区建设纳入城市社区，东部库区村庄结合生态建设开展村庄改造。古城及老城核心区村庄纳入城市更新计划，以古城保护更新形式和城中村改造形式推进；应对差异化管理需要，在“一控规、两导则”的详细规划编制体系的基础上，通过村庄规划进行土地建设管理，并编制微更新规划导则指引城中村建设。

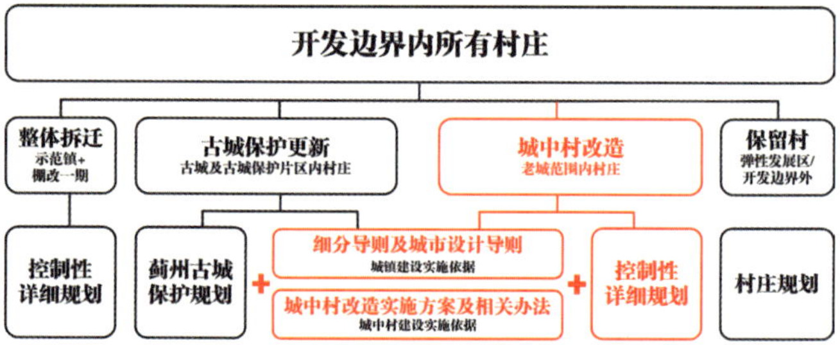

城中村布局及改造策略分类

城中村更新规划

保留现状居住小区、建筑质量较好的公建以及近期无改造计划的村庄，拆除现状低效工业、商业建筑，整理已收储土地。完善片区道路网络、绿地系统和生活圈服务设施，明确近期城市更新工程导致宅基地被拆除的村民的安置区及生计用房。整理可出让用地，平衡公共服务设施建设和村民安置成本。其余村庄用地由村集体主导渐进式更新

老城实景

城市设计方案生成

控制性详细规划

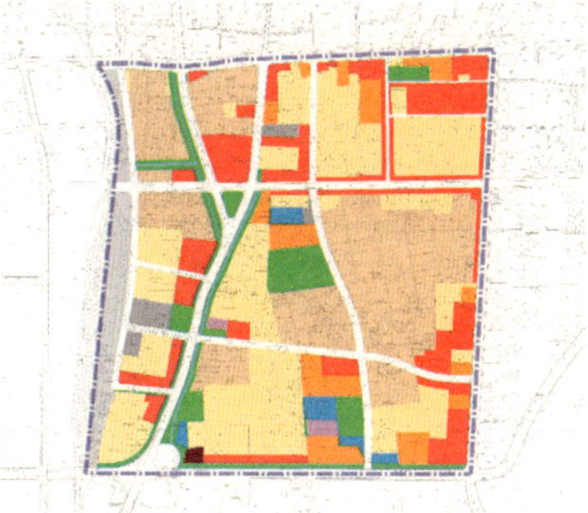

土地细分导则

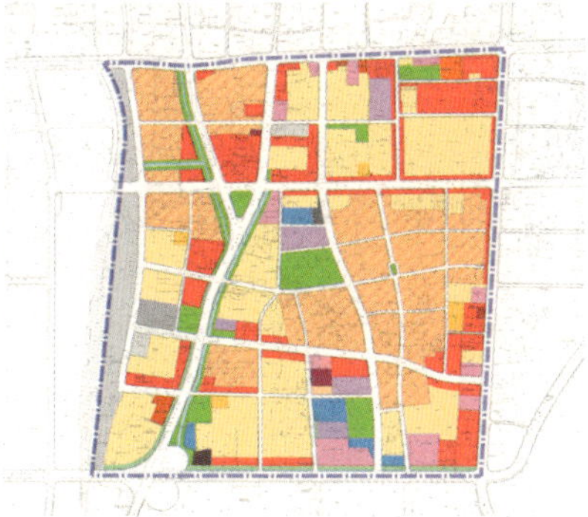

村庄规划

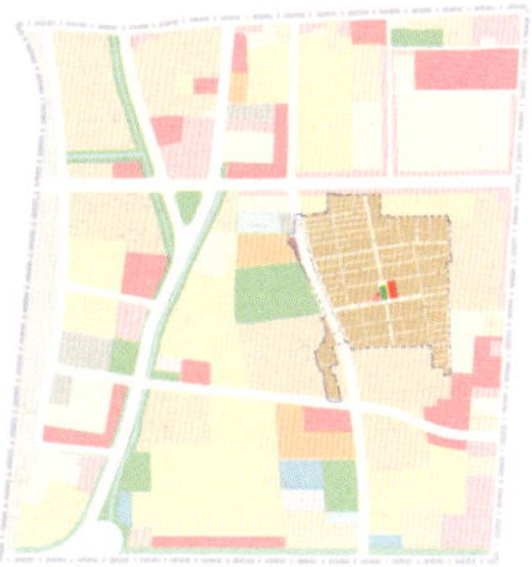

村庄微更新规划及周边城市设计

村庄微更新规划导则

村庄道路现状

村庄道路改造

村庄内部道路不成系统，功能不完善，难以满足行车、停车需求，现状道路红线宽度为 1.5~3 米，中间的十字干路红线宽约 9 米。在村庄更新过程中，将道路改造为干路、支路、巷路三级系统，通过道路断面改造完善交通功能，植入生活空间，提升区域活力

商业型村庄主路改造效果示意

生活型村庄支路改造效果示意

宅基地现状布局

现状宅基地建筑以 1 层为主，多为南北向、前后院布局，后期经加建、改建形成多样化布局，建筑面积从 180 平方米到 700 平方米不等。现状宅基地有 750 宗，平均面积为 251 平方米，平均容积率为 1.08，平均建筑密度约为 73%

宅基地现状类型

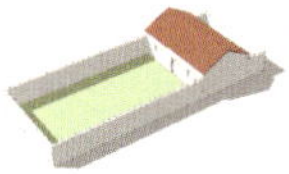

建筑层数：1 层
容积率：0.27
建筑密度：27%
建筑形式：红瓦坡屋顶，水泥墙面

建筑层数：1 层
容积率：0.73
建筑密度：73%
建筑形式：红瓦坡屋顶，水泥墙面，瓷砖贴面

建筑层数：2 层
容积率：0.72
建筑密度：42%
建筑形式：小青瓦坡屋顶，瓷砖贴面

建筑层数：2 层 /1 层
容积率：1.12
建筑密度：66%
建筑形式：红瓦坡屋顶，油毡平顶门房，瓷砖贴面

建筑层数：2 层 /1 层
容积率：1.33
建筑密度：87.5%
建筑形式：砖混平屋顶，水泥墙面，瓷砖贴面

建筑层数：3 层 /1 层
容积率：1.77
建筑密度：87.5%
建筑形式：彩钢板坡屋顶，水泥墙面

建筑层数：2 层
容积率：2.0
建筑密度：100%
建筑形式：砖混平屋顶，钢化玻璃顶棚封面，水泥墙面，瓷砖贴面

建筑层数：3 层
容积率：3.0
建筑密度：100%
建筑形式：彩钢板坡屋顶，瓷砖贴面

建筑材料图例

- 红瓦
- 彩钢瓦
- 小青瓦
- 水泥
- 钢化玻璃
- 瓷砖贴面
- 涂料面层

村庄宅基地改造

结合宅基地的使用功能和位置、布局，提出居住型和临街商业型宅基地改造模式，其中临街商业型宅基地改造以东西向为主，居住型宅基地按照进深分为一进和两进院落形式，并结合周边道路布局提出不同院落大门朝向的布局形式

改造模式

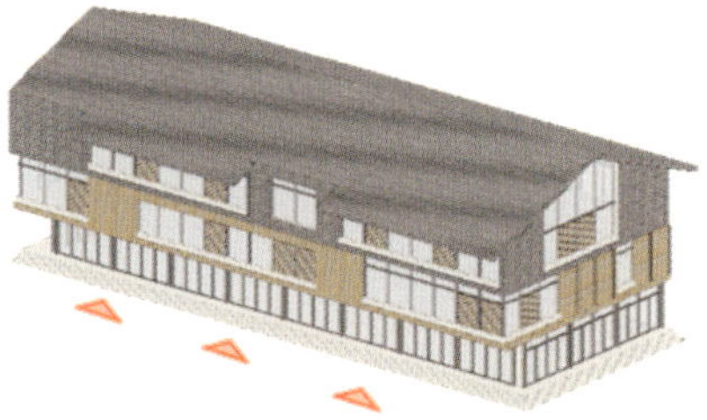

临街商业型

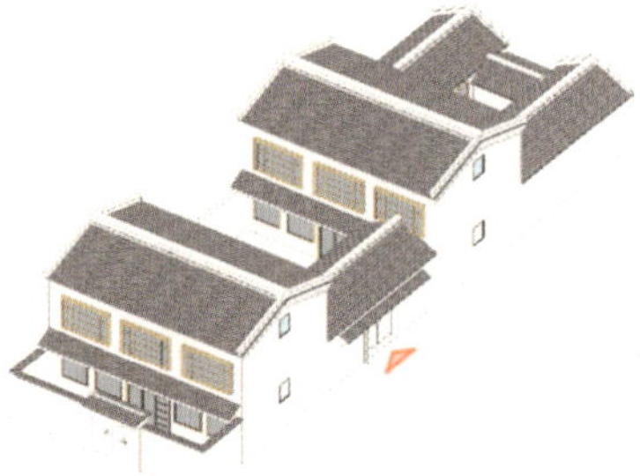

居住型东西向大门

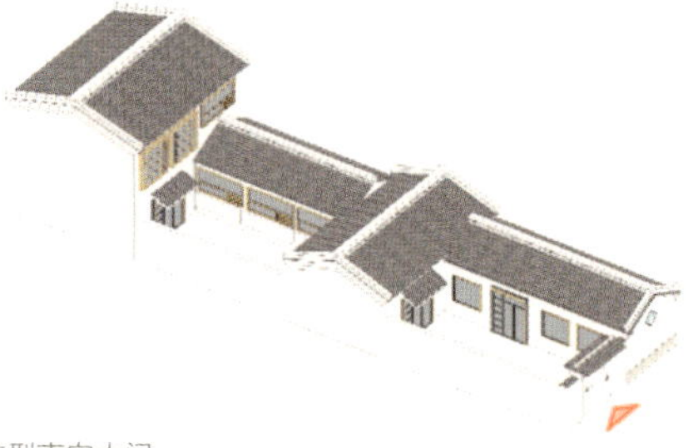

居住型南向大门

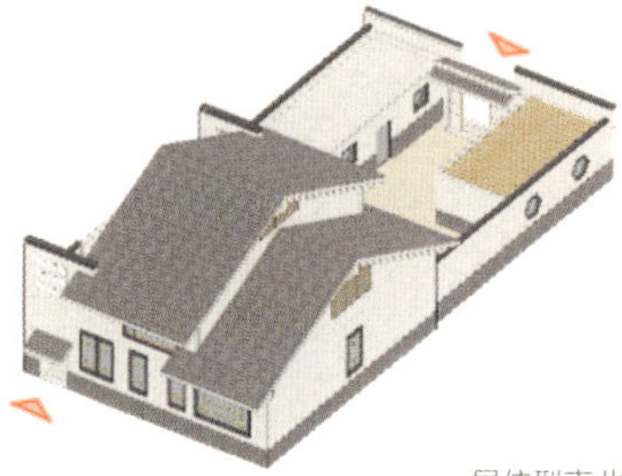

居住型南北向大门

天津市西青区李七庄街更新型总体城市设计

现状简况

李七庄街位于津城西南部，紧临大梅江区域，是西青区离中心城区最近的街道，也是快速城市化的排头兵。在人口集聚，土地经济、集体产业高速发展的同时，无序的城市化带来了生态环境、道路交通、配套设施、城市风貌等方面的问题。项目同步开展总体城市设计和城市双修规划，补短板、保民生、提品质、促发展，综合构建津城南部宜居宜业的新街区；结合外环绿化带和李七庄公园建设，打造城绿交融的现代居住生活区；依托卫津路和津涞路经济带升级，打造城产融合的现代都市产业区。

发展策略

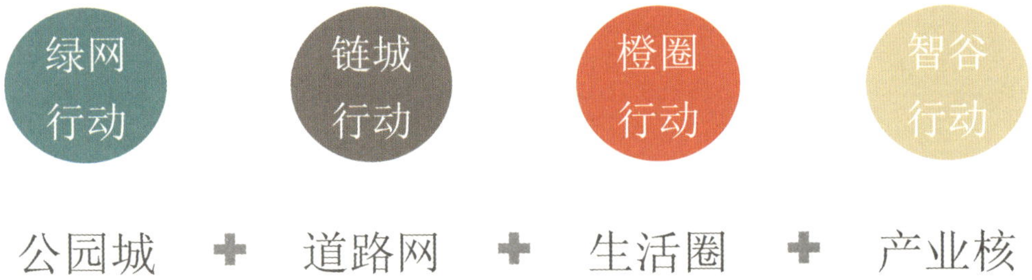

现状鸟瞰图

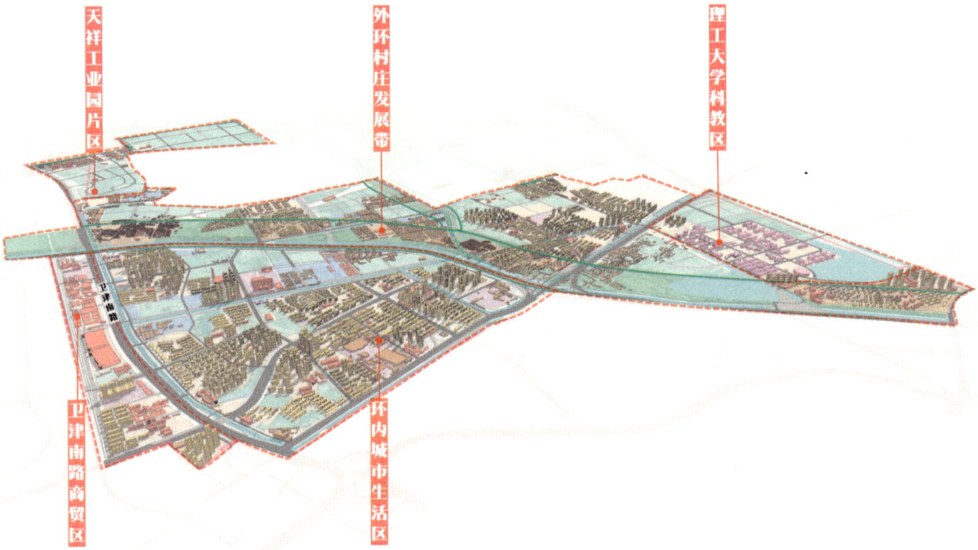

总体城市设计平面图

理水脉　通绿廊

通路网　联慢道

兴站点　补配套

依产业　融学府

环内片区城市更新

环内片区是天津“一环十一园”规划的重点片区，城市更新规划在系统梳理现状权属的基础上，盘活存量土地资源，通路网、建公园、补配套、兴产业；结合李七庄公园建设，将其周边地区建设为以体育、医疗、综合商业为特色功能的生态社区

现状航拍影像

规划策略

理现状　确产权

留现状　拆空间

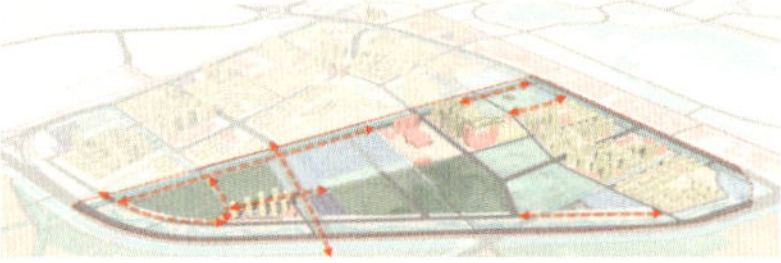

整土地　平资金

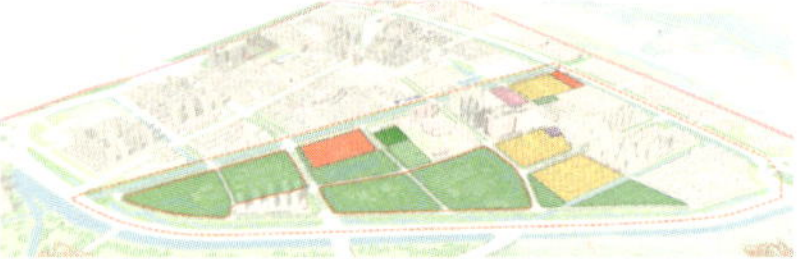

联路网　通绿廊

建公园　兴产业

安村民　补配套

规划鸟瞰图

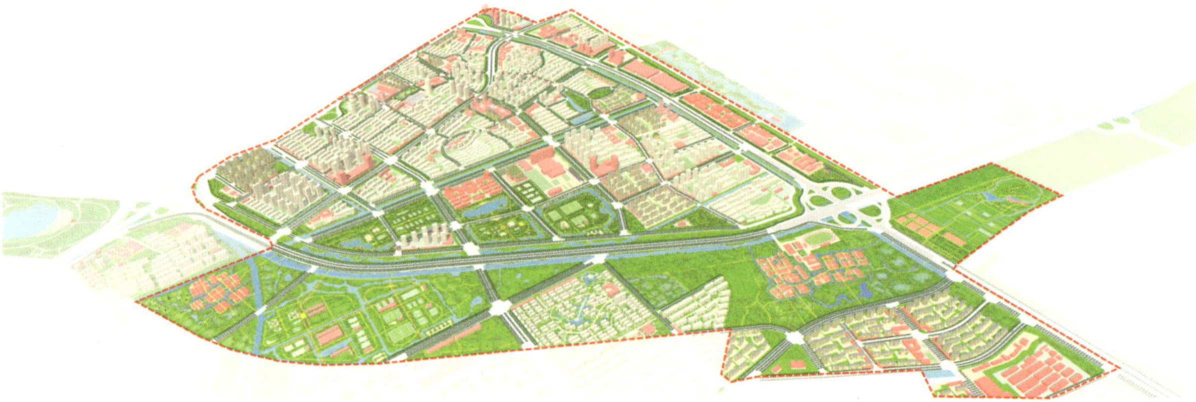

卫津南路沿线城市更新

卫津南路是李七庄街南北向连接城市中心的主要通道，也是李七庄街发展的城市形象带、功能融合带、经济发展带。本项目结合卫津南路改造转型，利用沿线集体产业、提升土地价值、完善配套设施，构建卫津南路都市产业区；融入梅江会展经济区，联通李七庄和大梅江社区，打造城市服务和体验中心，形成铁道公园休闲区；衔接卫津路科贸区，与赛达产业园联动发展，打造都市创新和展示中心，形成卫津南路产业区

现状鸟瞰图

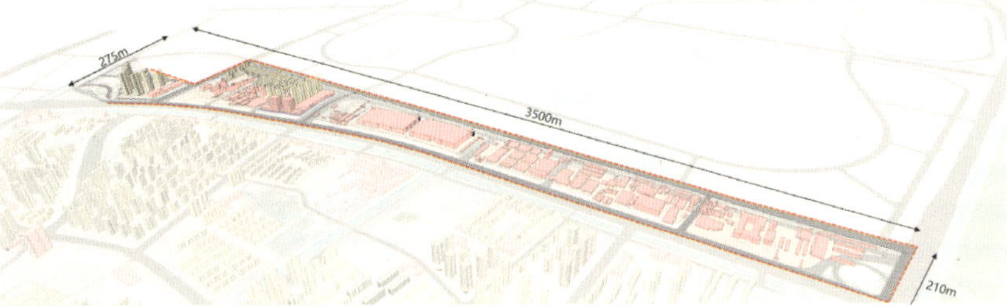

利用模式

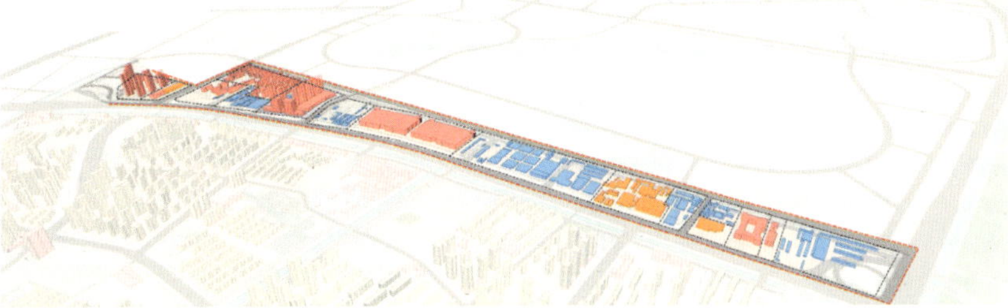

转型功能

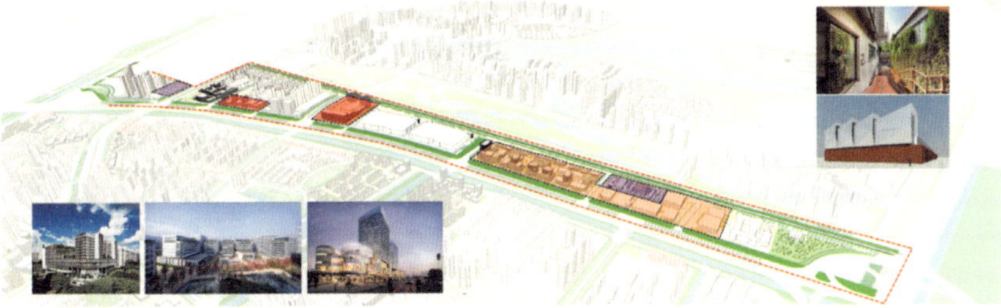

卫津南路产业区效果示意

铁道公园休闲区效果示意

道路相对完整

结构有待整合

过境交通割裂城市空间

路网密度小

街区尺度大

公共交通系统不完善

慢行系统不完善

道路系统现状分析

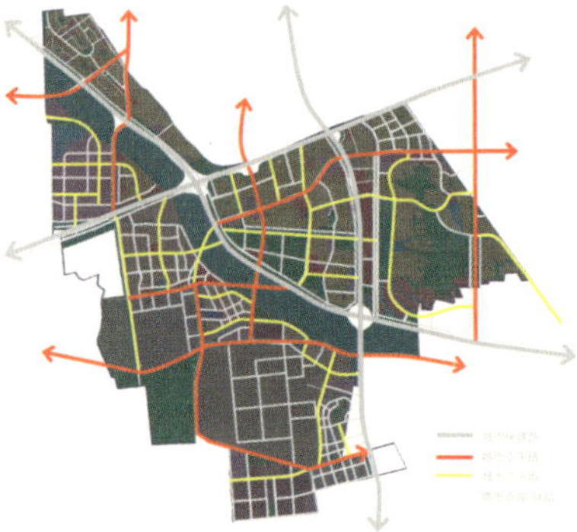

道路系统现状照片

绿地资源丰富

绿化不成体系

绿地利用粗放

景观分布无序

生境破碎不成体系

绿地系统现状分析

绿地系统现状照片

水系资源充沛

水网联通不畅

河道景观风貌消极

部分水体污染严重

水文系统现状分析

水文系统现状照片

开放空间格局

整合现状交通资源，优化道路断面形式，完善绿道慢行系统和公共交通系统，构建绿色交通网络；依托丰富的环境资源本底，植入休闲游憩、生态调蓄等功能，重构生态景观格局；突出文化景观特色，改善城市环境风貌，塑造区域文化品牌，重塑城市文化；形成“一带、一心、六廊、多点、多绿道”的开放空间格局

一带

外环 500 米复合型生态景观绿带

一心

李七庄公园绿心

六廊

城野综合服务活力廊 | 丰产河城市活力景观廊
津港运河休闲景观廊 | 大沽排污河生态景观廊
陈台子排水河生态景观廊 | 程村排水河生态景观廊

多点

多个街头绿地公园及社区公园

多绿道

多条城市绿道构成绿道网络

开放空间格局图

景观节点效果示意

天津城市公交导向发展（TOD）策略及实施项目准备

项目简况

世界银行全球环境基金赠款项目

中国可持续城市综合试点项目

为了发挥城市在应对气候变化和改善环境方面的重要作用，全球环境基金（GEF）将城市可持续性作为其综合试点的重要内容，从发展目的、策略、措施、保障、实施与评价等不同层面开展项目研究，引导城市有效整合土地利用与交通规划。天津是中国七个试点城市之一，项目团队与 ITDP（交通与发展政策研究所）共同负责为天津制定城市层面的 TOD 策略、相关政策与配套计划。研究范围包括天津全市域内轨道交通网络计划能够影响的全部区域，其中重点研究范围为现有地铁线路集中的中心城区。TOD 策略指出在城市总体层面如何协调轨道交通站点周边用地的高强度混合开发，并针对不同类型的轨道交通站点提出 TOD 策略的原则与具体要求，还提出了 TOD 策略与建设机制的合理化建议，以实现轨道交通、站点周边用地、接驳交通的同步开发建设。

天津 TOD 评价系统

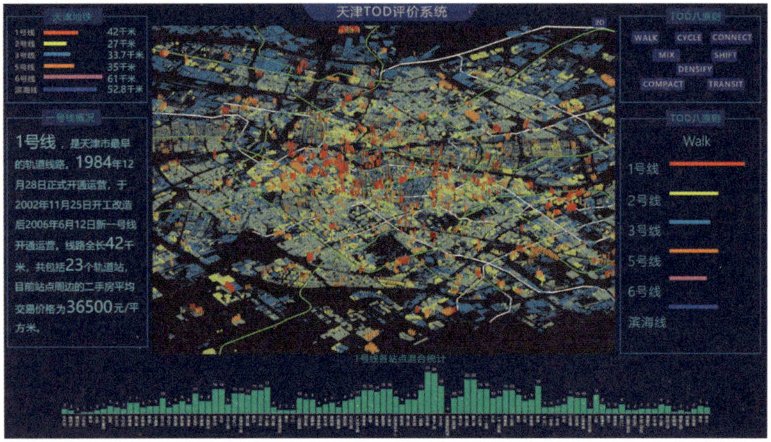

项目具体任务

任务 1：数据采集与范围设定

任务 2：机构分析、利益相关方咨询和市民参与

任务 3：愿景确立

任务 4：诊断分析与 TOD 类型鉴定

任务 5：提出符合本地实际情况的 TOD 建议指导手册、工具包和评估指标

任务 6：制定 TOD 行动计划和编制操作手册

任务 7：起草与敲定城市 TOD 战略总报告

任务 8：知识传播与沟通

任务 9：环境和社会保障

任务 10：项目管理与报告编制

综合诊断分析

天津市现有轨道站 800 米覆盖范围内自行车道密度分级

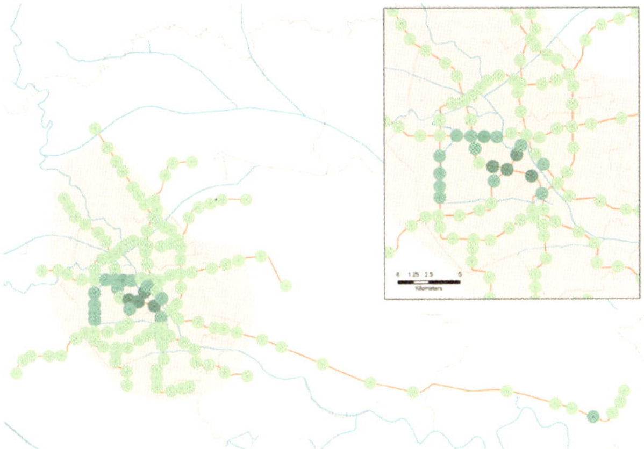

天津市现有轨道站周边区域的公交站点密度图

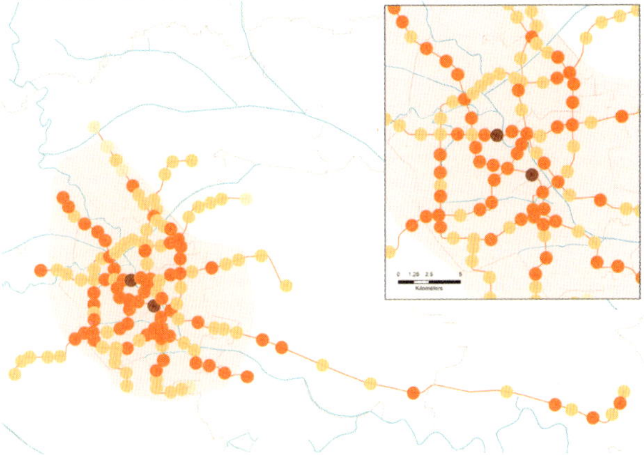

3~5 年改造计划

站点分类图

站点周边建设情况

从国家层面、区域层面、城市层面对未来 20 年的 TOD 趋势进行分析，并建立 TOD 站点分类分级体系、TOD 布局模式类型、TOD 场站综合开发等的规划设计指引。根据交通特征、出行目的、土地功能、发展潜力等指标，对 190 个已建成和规划站点进行分类，包括区域及城市中心站、重点站、一般站；综合分析规划站点周边的建设情况，将站点周边用地大致分为三类，即建成区用地、局部可更新用地和新增及调整用地，相应地提出针对各类型 TOD 的开发和建设实施细则以及行动计划

08

城市更新景观设计

URBAN RENEWAL LANDSCAPE DESIGN

设计团队参与了众多更新规划的战略制定与策略研究，也参与了大量的街区活力再生与慢行化改造实践。更新景观反映出来的复杂性和协调难度更加强调综合性、多专业协同和在践行中求新。

对生活和体验的关注：通过更为精细化的功能策划与更高品质的空间设计，让人们更多地在户外停留以及参与商业活动。对生态可持续性的关注：将景观空间的生境营造、雨洪管理的方式、绿化维护的措施视为重要的规划设计内容。对场地在地性和文化内涵的关注：通过对空间组织及场地文脉的梳理，借助创新的设计语言，实现场地过去与现在的对话，保护历史的连续性，保存城市的记忆，进而彰显场地独特的魅力。对社会公平的关注，对弱势群体的持续关注：弥补公共设施的不足和不均衡，完善低收入人群的生活服务设施，完善无障碍和适老化设计。

努力推进社区建设中公众参与的机制和方法，营造有人文情怀的、充分共享的环境；将城市的成长和发展视作一个持续不断的动态过程，尝试在城市空间的新陈代谢、迭代进阶、传承与扬弃等动态变化中找出最为适宜的解决方案。

1:80000

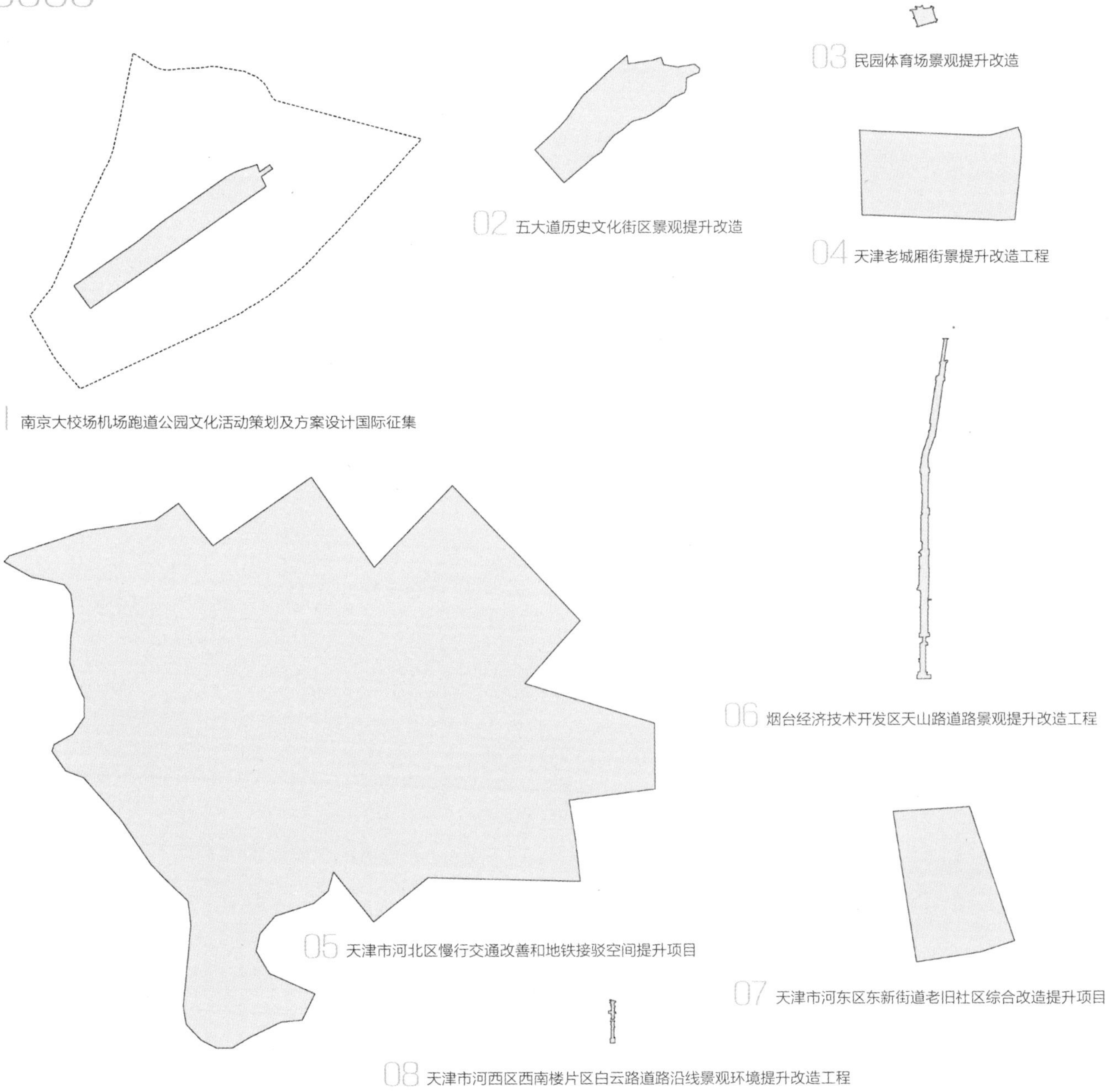

01 南京大校场机场跑道公园文化活动策划及方案设计国际征集
02 五大道历史文化街区景观提升改造
03 民园体育场景观提升改造
04 天津老城厢街景提升改造工程
05 天津市河北区慢行交通改善和地铁接驳空间提升项目
06 烟台经济技术开发区天山路道路景观提升改造工程
07 天津市河东区东新街道老旧社区综合改造提升项目
08 天津市河西区西南楼片区白云路道路沿线景观环境提升改造工程

南京大校场机场跑道公园文化活动策划及方案设计国际征集

项目简况

南京大校场机场跑道公园基于原大校场机场，定位于城市新中心、文化新地标、产业新高地，将成为连接历史与未来的新地标、城市公共空间最佳实践新样板、南京智慧与独特文化魅力的永久 IP（知识产权）、中国城市文明与文化认知的世界窗口。设计范围为 100 公顷，研究范围为 9.94 平方千米。设计团队与法国 Latitude Nord 景观事务所、北京耕知城市更新规划咨询有限公司联合投标，面对地理格局的核心、历史沉淀的厚重、场地条件的挑战、巨大尺度的矛盾，以南京文化要素为题，绘就“五里长卷 · 织锦红花”，展现了繁荣与充满活力的城市文化图景，创造了一个只属于南京的世界唯一的文化景观。

项目总体鸟瞰效果示意

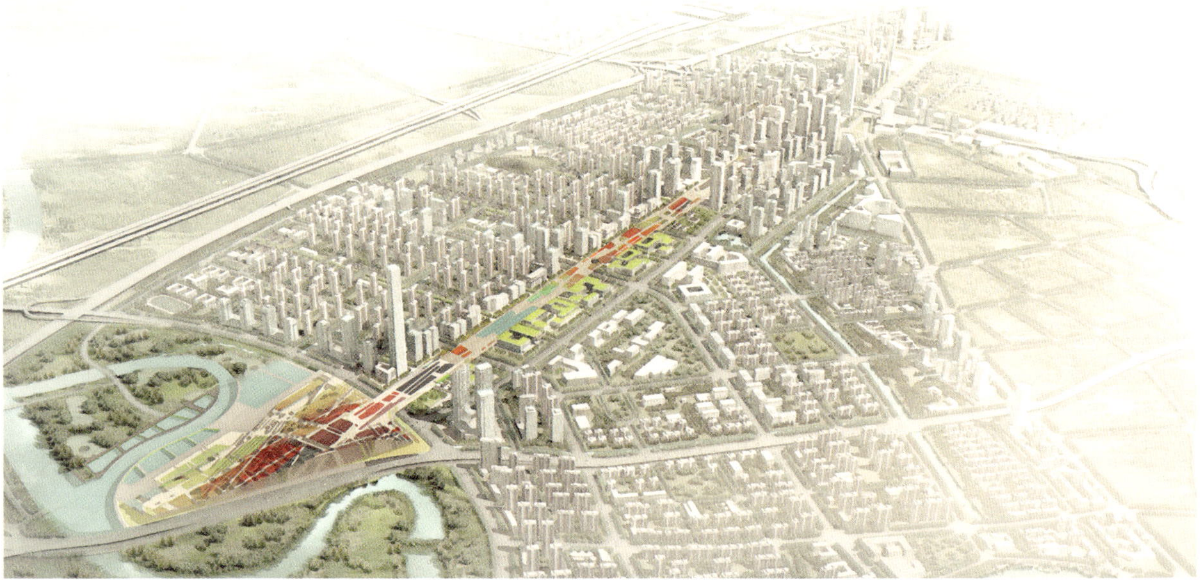

场地挑战

完全硬化的地面如何实现生态目标？贫瘠、单调的形象如何树立国际影响力？集聚热量的超大场地如何保持持续的活力？

跑道足够容下 26 个标准足球场，拥有超强的承载力，但原状保留的跑道难以呈现高品质的开放空间，并会对两侧的街区产生消极影响

场地内多数区域在白天大部分时间受阳光直射，两侧的高层建筑形成的峡谷内夏季热环境与风环境较差

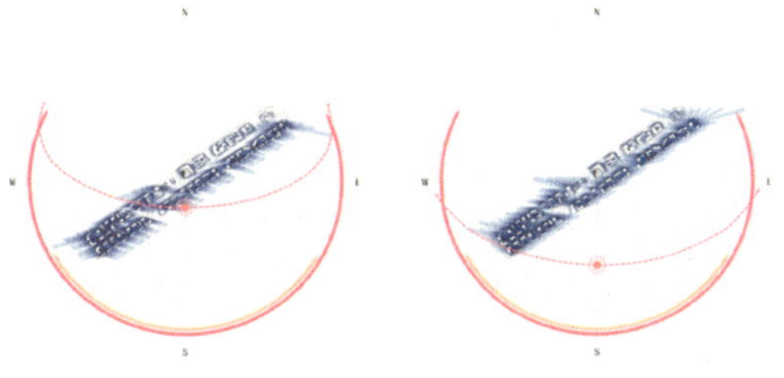

历史沉淀

剖开历史的沉淀，可以将场地理解为自下而上的三个文化层。而今大校场以城市新中心、文化新地标、产业新高地为规划目标，定位为南京城市新客厅。站在历史积淀上的大校场将重获新生

民国文化层：
大校场机场，见证着百年激荡、中华历史的转航

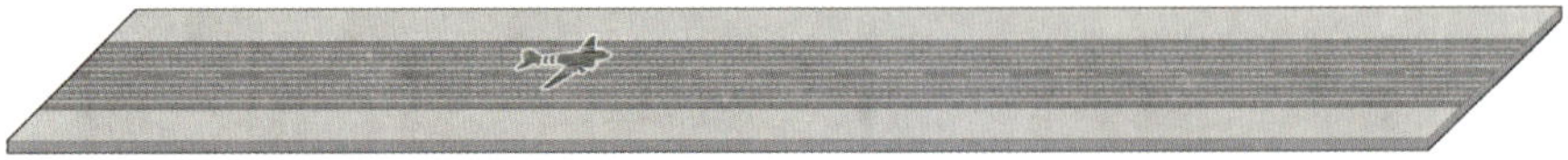

明清文化层：
大校场、神机营，诉说着那个时代的繁荣与辉煌

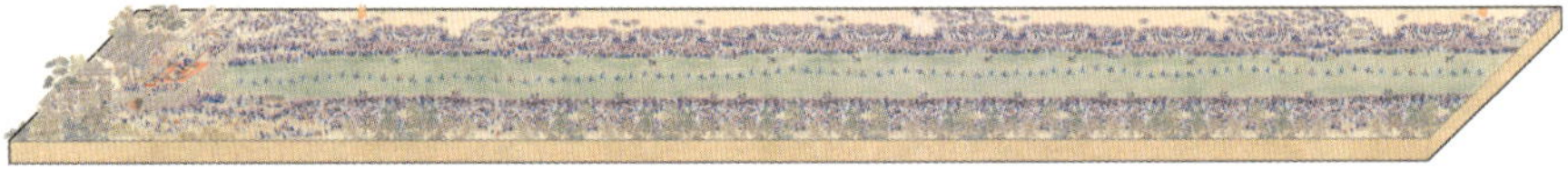

农业文化层：
红花圩，诉说着古老而高度发达的农田水利、丝织生产

设计概念

方案提出：在机场跑道上覆盖一个新的生态地层，作为新形态的底图和新空间的基础

原始跑道

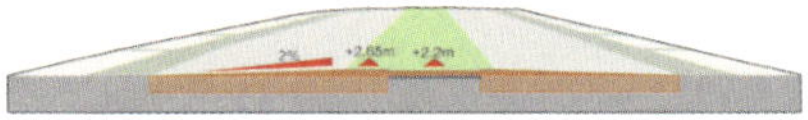

通过极小的坡度和微地形的处理与周边街区连成一体

在跑道上覆盖平均 2.5 米厚的土壤，利用周边地下工程的挖方平衡

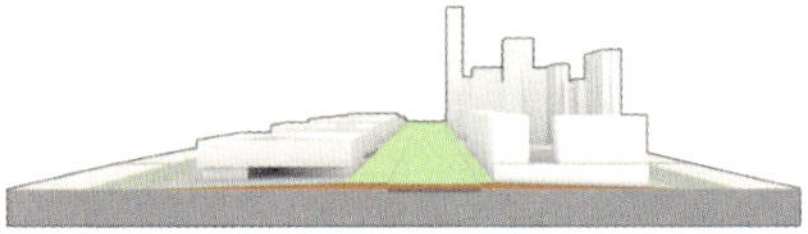

两侧的建筑前区高于中央的绿轴，鼓励人们向中央汇聚

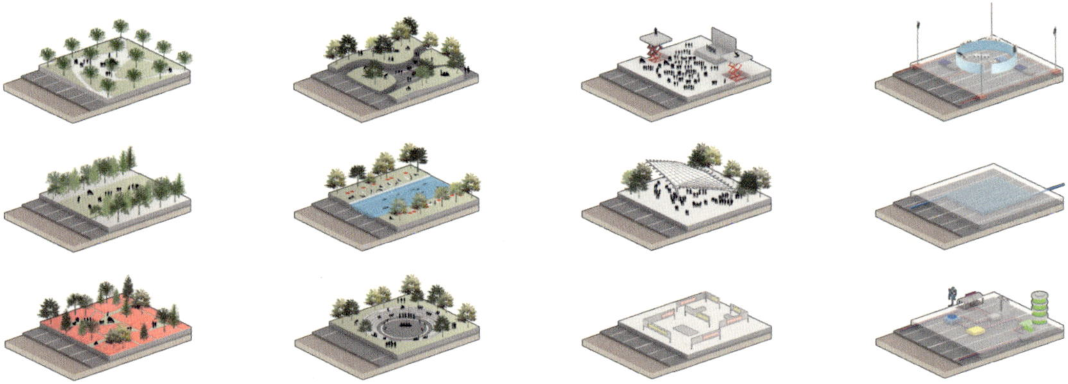

种植的灵活性　　空间的灵活性　　搭建的灵活性　　管线的灵活性

方案生成

营轴线

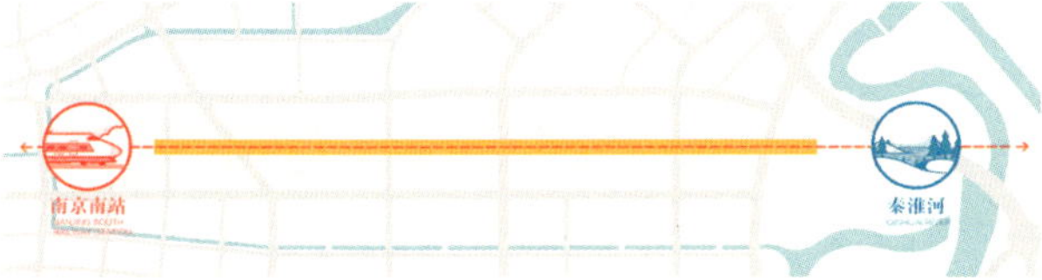

叠生态

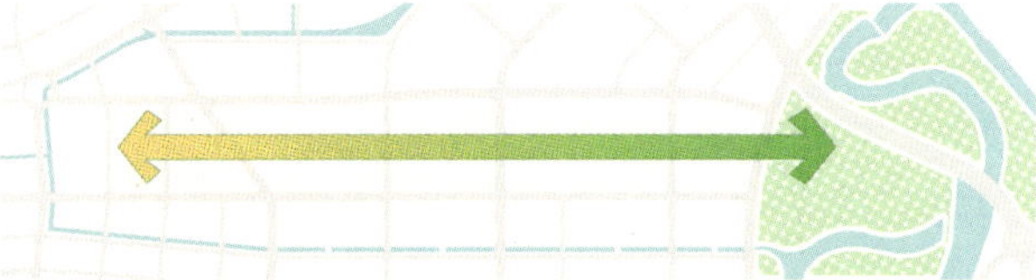

塑边界

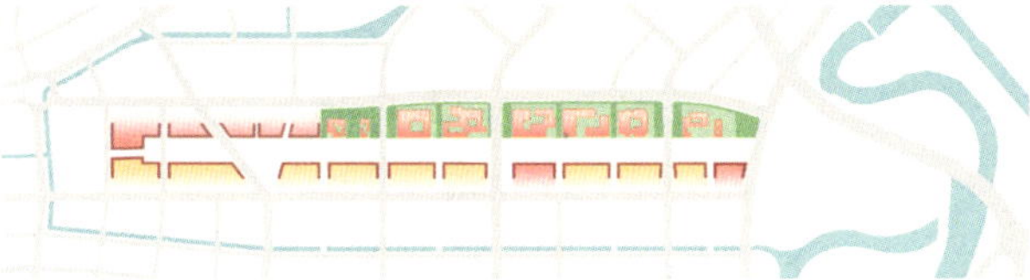

联城市

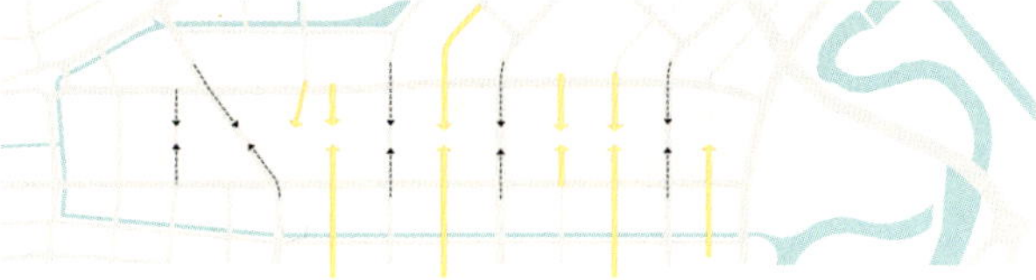

置节点

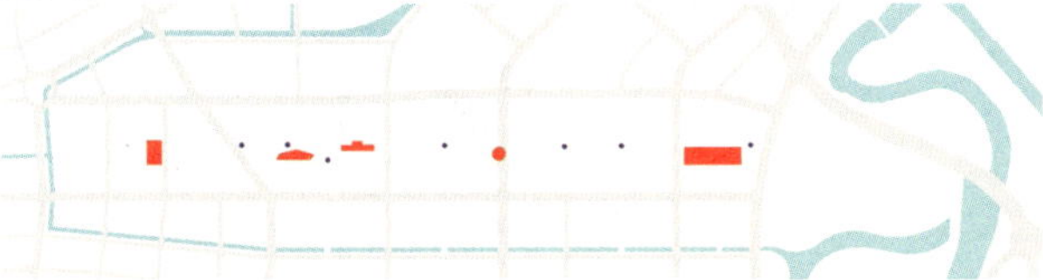

织锦路

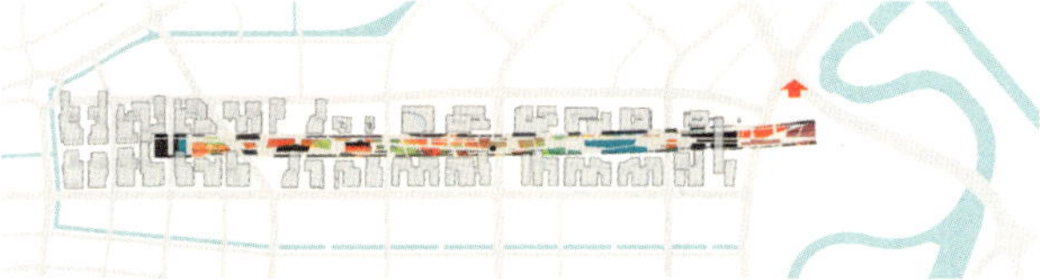

红花台

怀水园

五里长卷 · 织锦红花：展现繁荣与充满活力的城市文化图景，将成为具有世界唯一性的文化景观

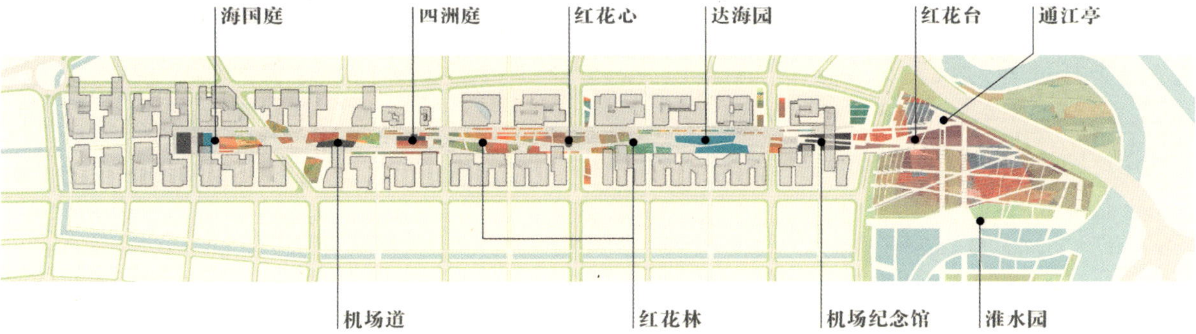

民国老机场发现之旅

生态层覆盖着被珍藏的民国老机场，通过一系列下沉广场、建筑空间、展示空间节点呈现，寻踪觅迹的历史发现之旅与城市创新实践交相辉映

机场道

呈现原始跑道的下沉空间，兼顾室外剧场、主宾城市展示的功能

四洲庭

明轴线与跑道轴线的交会点，T 形文化活动场馆、品牌快闪店

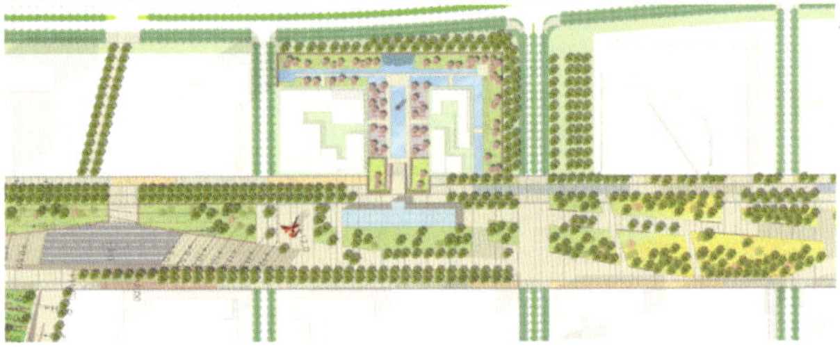

红花心

展示原始跑道中心圈的下沉广场，兼顾互动展示装置，历史与未来时空交会

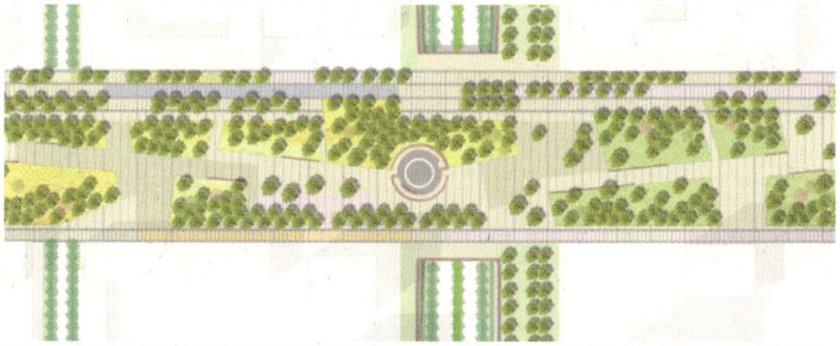

机场纪念馆

采用覆土技术在原址上新建机场纪念馆，展示机场记忆和原貌质量最好的一段跑道

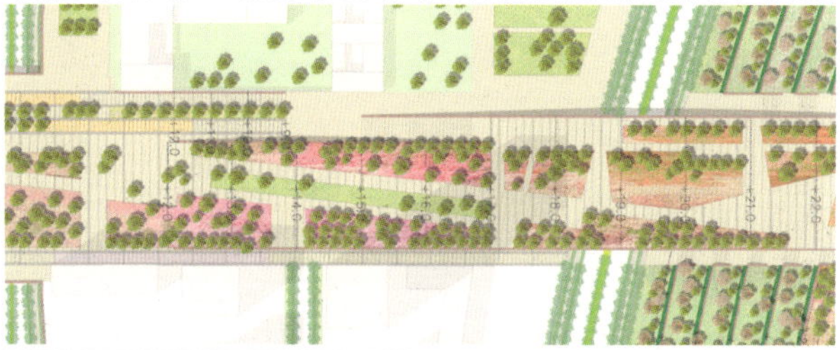

红花台，登临之美

看五里织锦、十里秦淮、三千里地山河，重新构建的山水城林是文化激荡的舞台，是持续创新的活力场

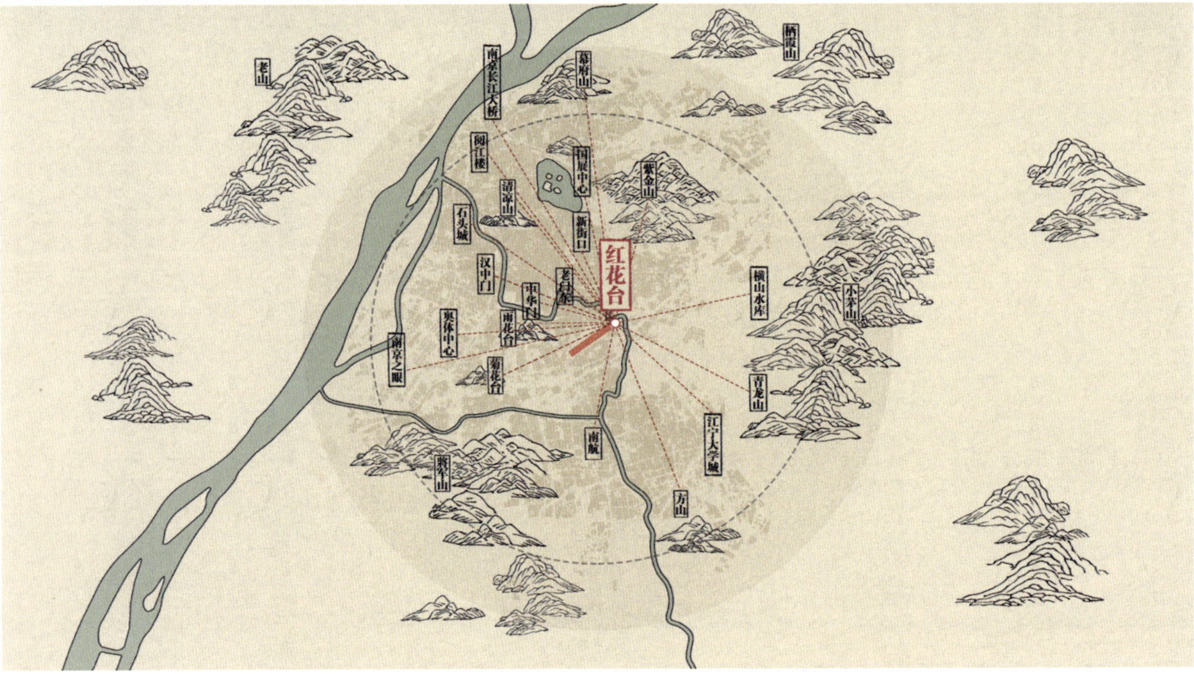

工作点滴

Latitude Nord 景观事务所、天津市城市规划设计研究总院有限公司、北京耕知城市更新规划咨询有限公司的空间景观设计与文化活动策划团队联合设计

五大道历史文化街区景观提升改造

项目简况

五大道历史文化街区是天津最具特色的城市名片，也是中国近代史上中西交会的重要见证。五大道历史文化街区景观提升改造的用地范围为 120.5 公顷，在设计过程中，设计团队深入研究历史文化背景与风貌特色，也深入每一条街巷踏勘、走访与记录，提出了私密性、花园式、多样化这三大风貌特征，使历史街区在面临现代化设施改造与商业活动介入的同时保持文化魅力。

五大道历史文化街区总平面图

景观解析——五大道景观的构成要素

从分析五大道的肌理特征、风貌特色出发，提出包括建筑和围墙周界修缮、洋楼花园提升、开放空间节点提升、街道家具和设施设计、夜景照明规划、旅游导向标识系统建设、机动车与非机动车停放等十个方面的五大道街区修复和更新方案。

总体构成要素

街道空间

临街花园

洋楼花园

开放里巷

公园广场

现状街景 **改造后效果示意**

提高街角空间铺装、界面、绿化的连贯性

采用统一协调的要素及方式修复街道界面

规整里巷空间，与街道协调统一

利用现有元素修复街道界面，使其具有连续性

结合业态变化打造临街花园，丰富街道景观

打造五大道地区入口空间，提升旅游服务功能

改造后实景（街角、立面、标识、设施、街巷）

民园体育场景观提升改造

项目简况

项目位于极具标志性的天津市五大道历史文化街区，范围为 5.2 公顷。设计打破了原有的围墙边界以及四周道路的隔离，使原来封闭的体育场融入城市的开放空间，形成一个与历史街区交织融合的公共广场。从广场发散而出的街道呈现出错落有致、风采各异的建筑侧影，散发出城市独有的人文风貌。场地内部珍贵的体育记忆——中心草坪、环形跑道、大力神杯雕像都被保留和延续，并重生为被大众喜爱的全民健身场所。位于五大道心脏地带的民园广场标志着历史街区迎来一个新的生命周期，为市民休闲、娱乐、集会提供环境，成为欣赏城市风光的标志性场所，成为展示天津的新窗口、丰富天津城市生活的新舞台。

民园体育场景观总平面图

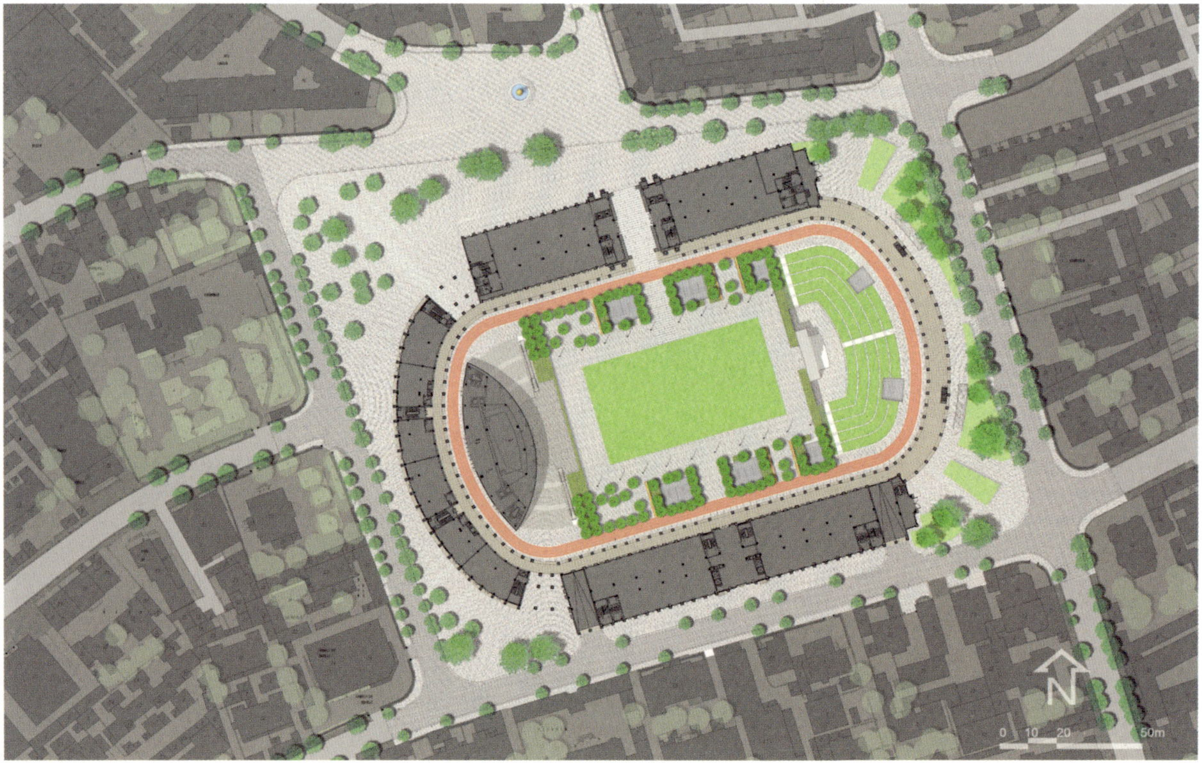

项目实景

下沉阶梯广场断面图

下沉阶梯广场实景

铺装细节及其实景

天津老城厢街景提升改造工程

项目简况

天津老城厢街景提升改造工程隶属天津市世界银行贷款城市交通改善项目——中心城区核心区绿色交通（慢行系统）改善工程，范围为201.7公顷。项目重点关注优化慢行出行体验，从四个方面提出街道设计面临的思路转变：第一，从过去片面关注机动车通行到全面关注人们的出行方式；第二，从道路红绿线管理分治到三线融合、街道整体空间管理；第三，从街道改造工程的纯空间思维到多维度触发街区整体发展；第四，从街道各相关方各行其道到强协调、强统筹。项目在改善步行空间和骑行环境的前提下，积极关注城市文脉的传承和老城吸引力的重塑；通过建立一条呼应历史空间的慢行走廊，重构一个醒目的历史空间对景，在一个更安全、宜人的高品质环境中再现海河、金汤桥、东门内、文庙、鼓楼、西关街的对望；通过文化要素在空间细节上的表达串起地区历史的零珠碎玉，书写一部立体的城市历史教科书，连接历史与未来，再次激发老城新的向心力和凝聚力。

天津老城厢地区街道改造项目总平面图

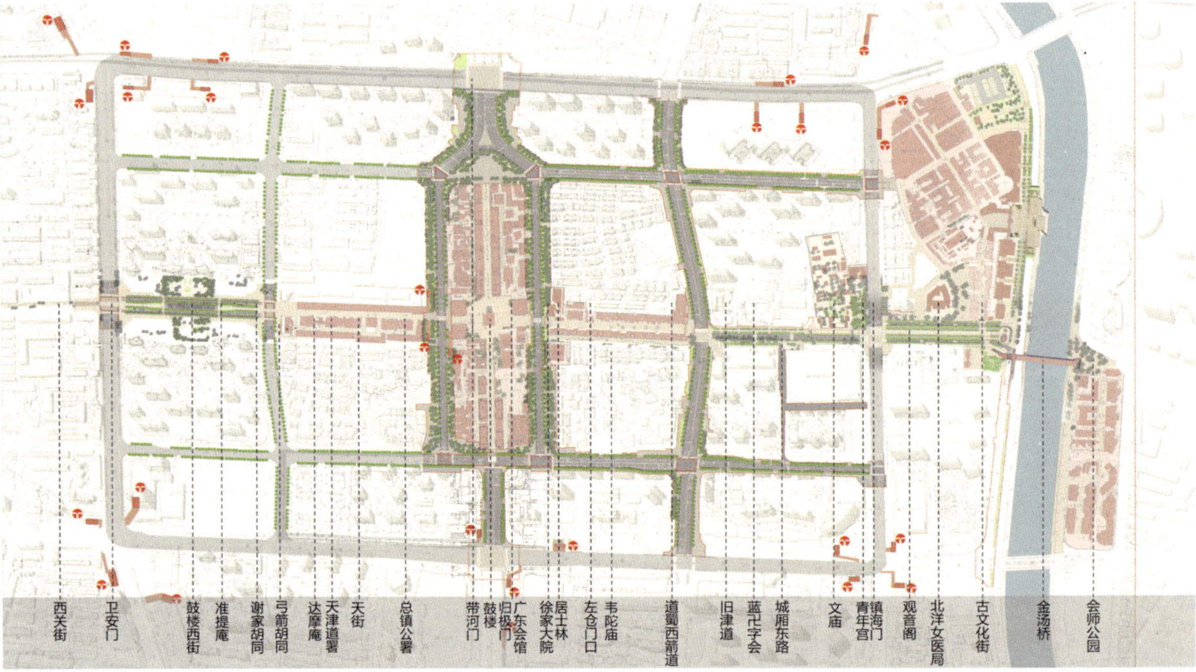

街景改造断面图

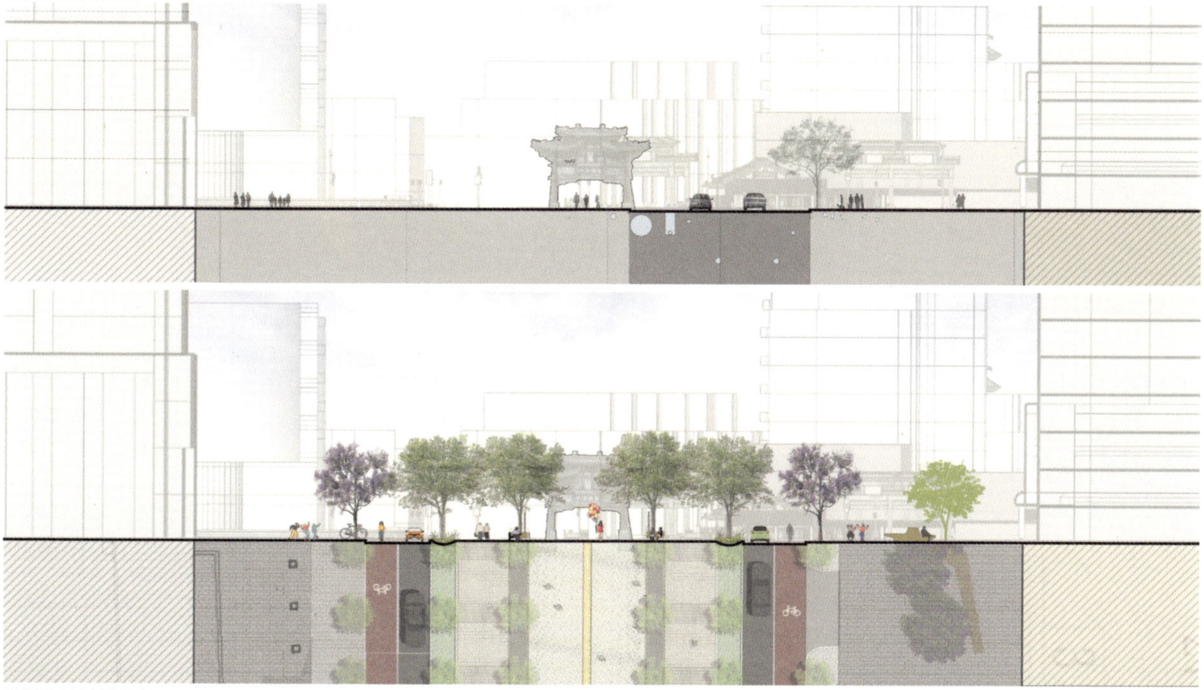

街景改造效果示意

铺装细节及其实景

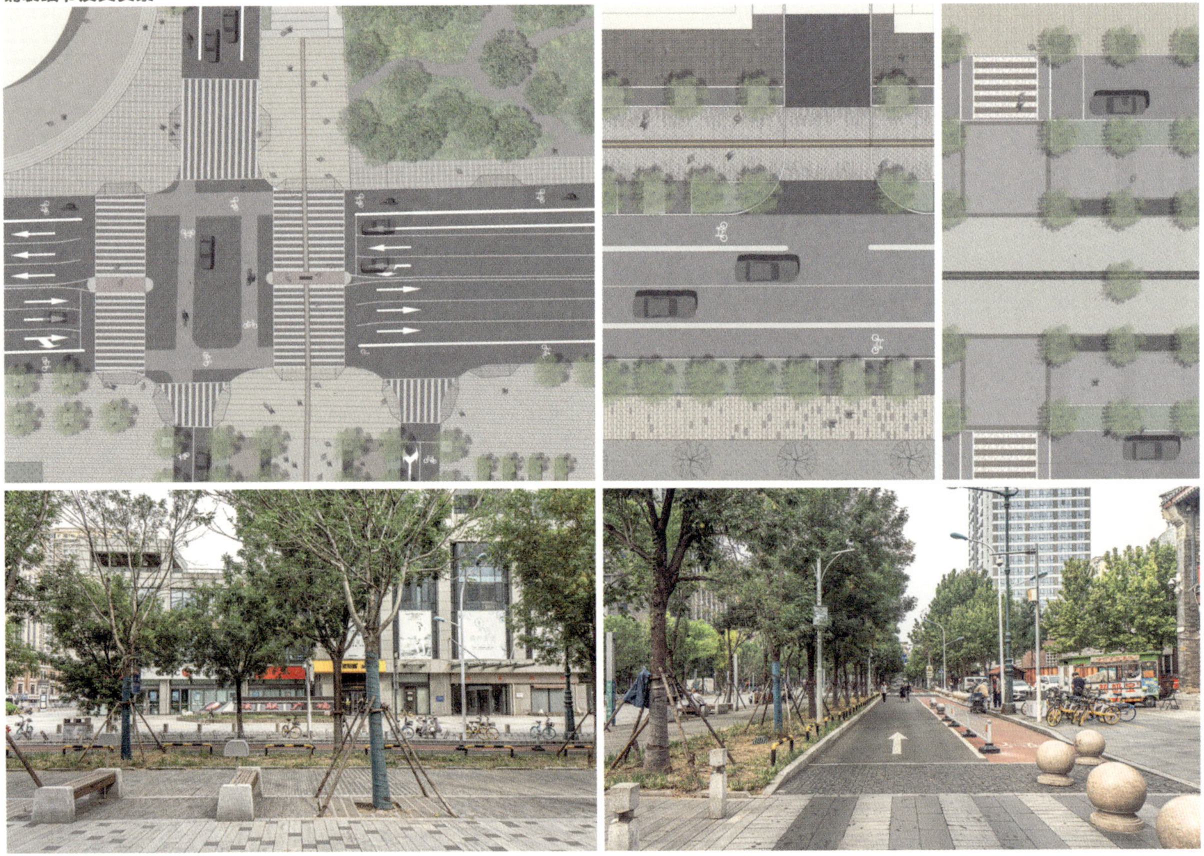

项目实景

项目实景

项目实景

天津市河北区慢行交通改善和地铁接驳空间提升项目

项目简况

本项目是天津城市交通改善项目的重要组成部分，范围为河北区全域 29.66 平方千米。设计以河北区的轨道交通站点为中心，以各级路网为慢行骨架，充分利用城市空间资源和历史文化资源，通过“慢行之上的微公园系统”这一清晰的概念引领多专业、多部门博弈的整体性方案，旨在实现多元目标，包括增加慢行出行的乐趣、增强公园绿地的可达性、提高公共设施布局的均好性、带动轨道沿线经济与活力、提升社区宜居性、改善生态小环境、提振地方文化凝聚力。项目涉及多样化的公共空间类型，有底蕴深厚的历史街区、人流密集的商业旅游街区，也有老旧居住片区和特殊景观节点，还有大型铁路、立交设施的边角低效用地等。通过本项目的实施，可以探索街道的多样化、个性化、系统性发展，探索集交通优化、空间重塑、人文历史传承与功能业态升级为一体的城市品质综合性提升方案。

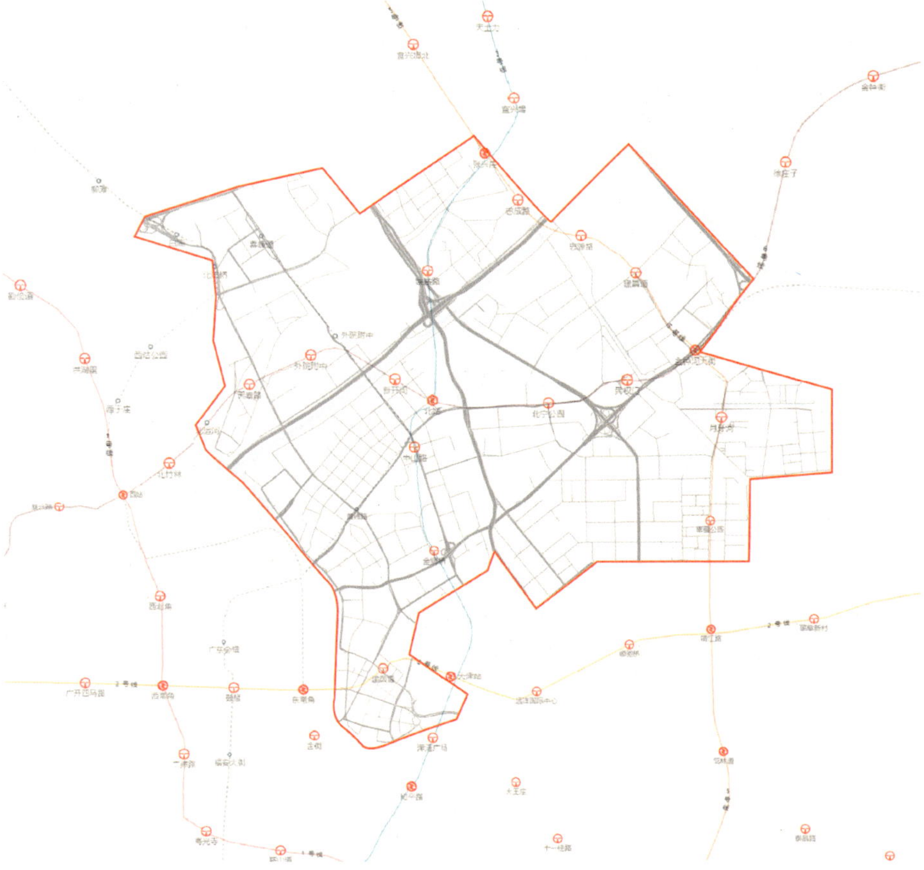

项目背景和范围

天津城市交通改善项目是天津市第三批世界银行贷款项目，利用世界银行贷款 1 亿美元，以提升中心城区的慢行交通出行环境，带动城市交通的高质量发展。本项目是天津城市交通改善项目的重要组成部分，包括河北区 43 条道路及 11 个地铁站周边环境的综合改善提升。工作内容包括：交通组织优化，道路断面改造；道路交通设施、街道无障碍设施、可移动商业设施和慢行导识的综合提升；慢行空间和公共节点的品质提升；街道绿化、海绵城市建设等全要素系统化提升改造

幸福公园地铁站

改造面积：32 008 平方米

其中园林修缮面积：17 023 平方米

项目特点：地铁接驳空间与社区公园一体化改造带动老旧社区更新

原幸福公园占地 2 公顷，是一座建于 20 世纪 80 年代的社区公园，服务周边 1 千米范围内的 38 个社区。规划建设地铁站点时，在优化慢行网络的同时将站前广场和公园改造纳入计划，增设了 19 个功能各异的活动场地，配套了健身设施、休闲和游乐设施，以满足各年龄层次居民的迫切需求。这些举措大幅改善了区域生活品质，增强了邻里交往与社区认同，也为催生更多城市活力提供了舞台

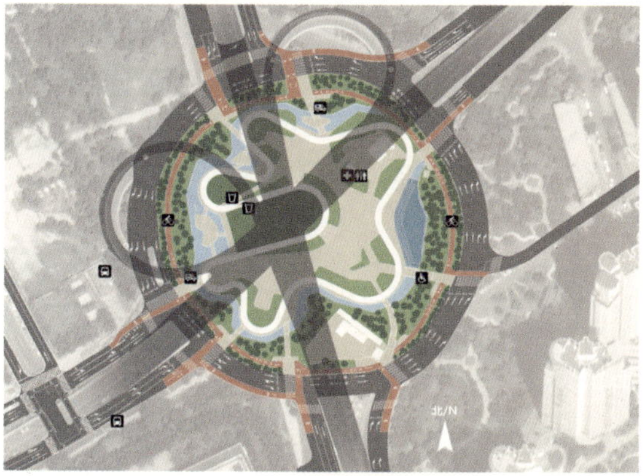

金狮桥地铁站

改造面积：26 500 平方米

其中新建公园面积：21 600 平方米

项目特点：盘活低效、低品质空间，创造具有复合价值的城市空间

轨道交通站点与生活街区被庞大的立交桥隔离，步行体验极不友好。项目调整机动车交通组织，完善步行和自行车网络，并且把车道间隙消极的零散绿地整合为完整的场地。同时为桥下空间设置新的功能，补充公共服务设施，打造市民休闲运动的新场所

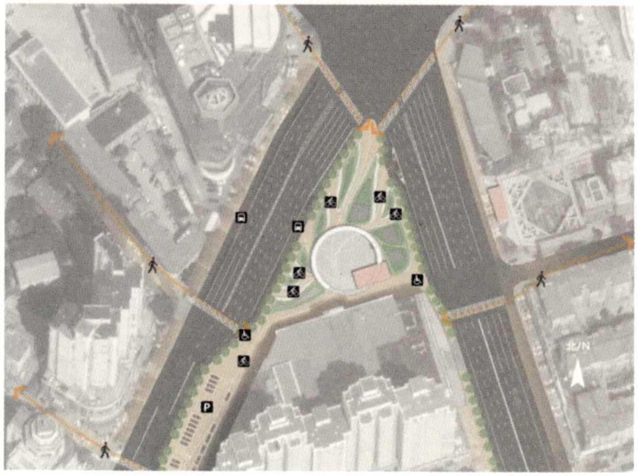

中山路地铁站

改造面积：7 800 平方米

其中地铁花园面积： 4 673 平方米

项目特点：交通一体化衔接空间样板

这里是重要的轨道交通站点和道路交会点，但现状交通组织较为混乱，行人过街困难，人行空间被车辆扰乱和侵占。项目旨在建设一个地铁站周边交通一体化衔接的空间样板、一个城市景观与交通效率并重的新型空间，塑造“百年中山路”上高品质、多用途的公共空间节点

幸福公园实景

幸福公园实景

中山路地铁公园实景

烟台经济技术开发区天山路道路景观提升改造工程

项目简况

天山路位于烟台经济技术开发区，全长 4.2 千米，总景观绿化改造面积为 18 公顷。项目从城市道路以车为先转变为慢行为先，从单线管控转变为三线融合，从单一的道路红绿线各自管控转变为街道空间整体管控，对街道红绿线至地块建筑边界的空间从断面、市政到景观进行一体化设计；合理安排慢行系统、绿地林荫、公共活动空间、城市家具设施、标识等；统筹不同功能业态，满足特殊节点需求，丰富街道表情，提高空间使用率、步行安全性及景观性；塑造情景式的城市风景大道，凸显烟台作为旅游城市的特色，提升烟台经济技术开发区的城市魅力与街道形象。

创新道路做法

由红绿线分开设计转变为红线、绿线、建筑退线三线融合一体化设计，将原绿化带从道路红线外侧置换到内侧重新分配，在机动车道、非机动车道、人行道之间设置绿化带

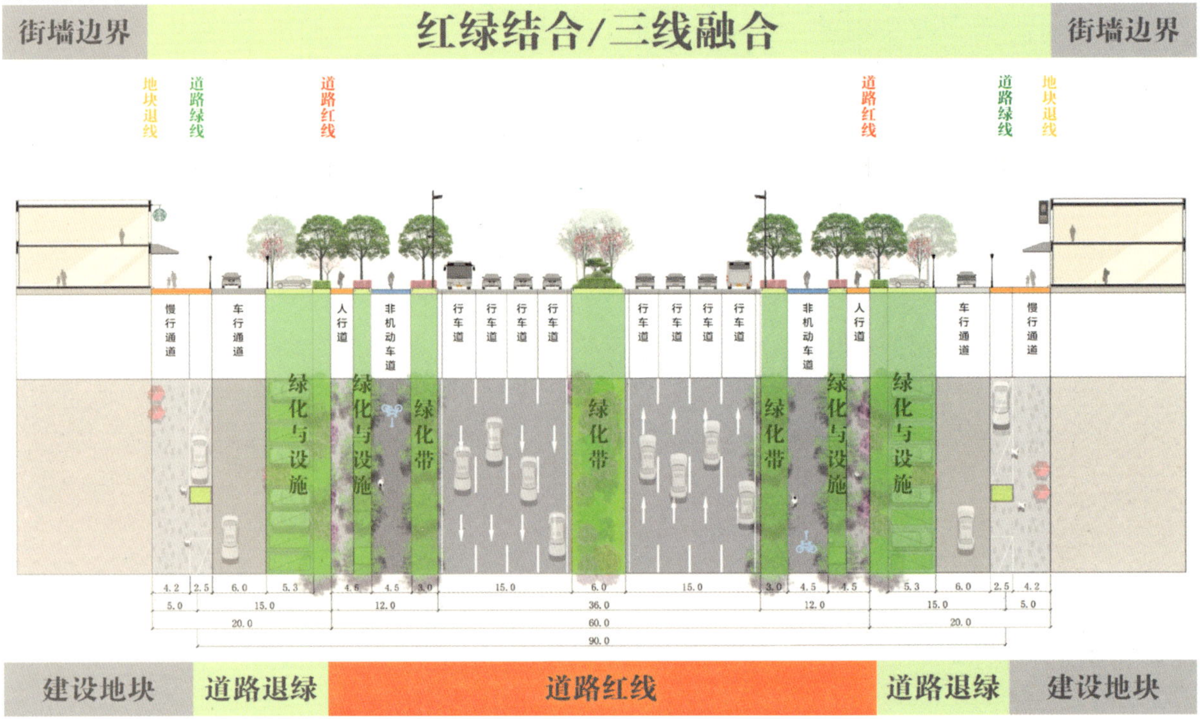

道路现状与设计效果对比

车行空间及绿化带设计

每段路以一种特色观花彩叶小乔木为主基调，搭配花灌木与常绿植物。每 35 米通过一组种植组团形成具有山水意象、起伏变化、疏密有致的韵律节奏感。全段体现出丰富的色彩季相变化

春景效果示意

秋景效果示意

非机动空间及绿化带设计

侧分带、设施带及非机动空间绿化带布局

非机动车道效果示意

人行道效果示意

重要节点详细设计

爱华双语学校节点断面图及平面图

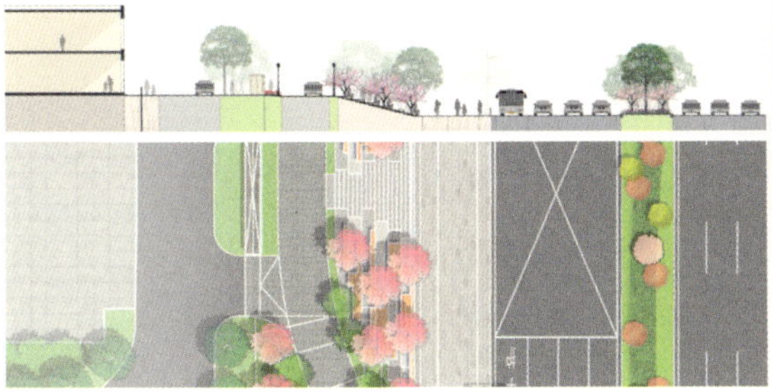

爱华双语学校节点场景效果示意

瑞玺公馆节点断面图及平面图

瑞玺公馆节点场景效果示意

铺装设计

总体采用跳色方式，设施带、转角空间延续总体风格进行细微变化

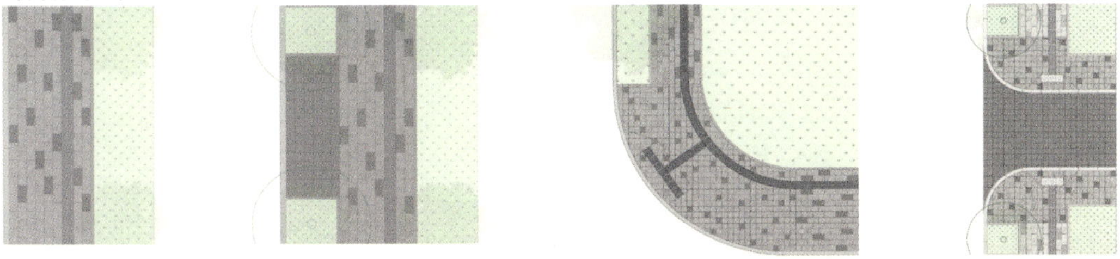

铺装效果示意

口袋公园设计

将道路两侧的低利用率绿地空间通过通游线、塑场地、设海绵、置设施四大景观设计策略，提升改造为由景观游步道串联起的多元功能场地带状口袋公园，为居民提供便捷的休闲娱乐、健身、社会交往等服务，展示场所特色，营造城市亮点，满足不同人群的使用需求，增进社区交流，提升城市活力

铺装设计

以大乔木营造林荫空间，与开花小乔木、常绿植物搭配形成层次 不同季节植物效果示意

公共设施设计

共设置四处公共驿站与五处简易公厕，驿站的功能包含公共卫生间和停留休息空间

天津市河东区东新街道老旧社区综合改造提升项目

项目简况

作为天津市河东区老旧社区综合改造提升示范项目，本项目贯彻国家和地方政策要求，多措并举，探索老旧社区更新模式。项目总面积为 167.2 公顷，以“实现社区美好生活，完善公共服务配套”为目标，服务环秀中里、环秀西里、沧浪西里、沧浪东里四个社区以及东新街道逾 4 千户居民。设计充分利用在地资源，完善街区慢行网络，补足社区公共服务设施；从规模总量、空间布局、运营维护等多方面补短板、提质量；针对社区人口老龄化，居民需求多样化、个性化形成精准的对策，明确改造路径，凝聚行动共识，形成更长效的共建共享机制。

项目策划与评估阶段

- 初期调研和评估
- 问题诊断、发展谋划、目标制定
- 前期参与项目申报、试点筛选
- 经济测算

意见咨询与方案制定阶段

- 多方咨询与意见梳理
- 制定改造目标和项目清单
- 改造方案设计
- 沟通平台搭建

全周期施工配合及长效维护阶段

- 方案确认和修正
- 全过程施工指导、监督
- 项目维护手册
- 建设后评估和总结

技术路线

采取目标、问题双重导向的技术路线，研判社区发展方向，评估现状短板，通过系统梳理和空间挖潜发掘社区更新潜力。从东新街道整体提升、四个社区单元环境改造、改造内容深化设计这三个尺度和层面制定老旧社区更新行动计划，并结合行动项目库、公众参与制度、社区设计师责任制度提出社区环境维护的长效机制

工作内容

设计范围

居委会方案研讨

现场讨论

居民征求意见

施工现场服务

改造片区效果

工作方法

项目组采取层层深入的调研方法，在项目落地过程中多次与街道办、各社区居委会研讨，并邀请居民代表进行座谈交流；在项目全过程中广泛吸取各主管部门、基层工作人员和居民提出的意见、建议，结合热点诉求不断对设计方案进行增补和优化。做实、做细、做好社区环境建设，助推社区治理工作优化，以确保这一重要民心工程落到实处

天津市河西区西南楼片区白云路道路沿线景观环境提升改造工程

项目简况

项目位于天津市河西区，紧临文化中心，道路全长530米，景观环境提升改造总面积为21 850平方米。项目周边为老旧小区及一所中学。道路现状为天津厨具城，拆除后恢复白云路道路功能。伴随着西南楼片区城市更新项目的推进，白云路沿线业态需要更新，还要构建城市窄路密网，以满足不同年龄、不同类型居民的使用需要。设计希望通过街道更新引导更积极的公共空间秩序，使街道更具活力，打造更有品质的城市公共生活形态与空间。在满足规划要求的前提条件下，通过对街道空间合理的组织划分与对景观更精细化的设计打磨，为街道打造更具多元活力、安全、便捷的慢行系统，使白云路成为串联起居民的家与城市、提供休闲社区生活与城市文体娱乐活动的复合型活力街道空间。

总体鸟瞰效果示意

道路规划断面图

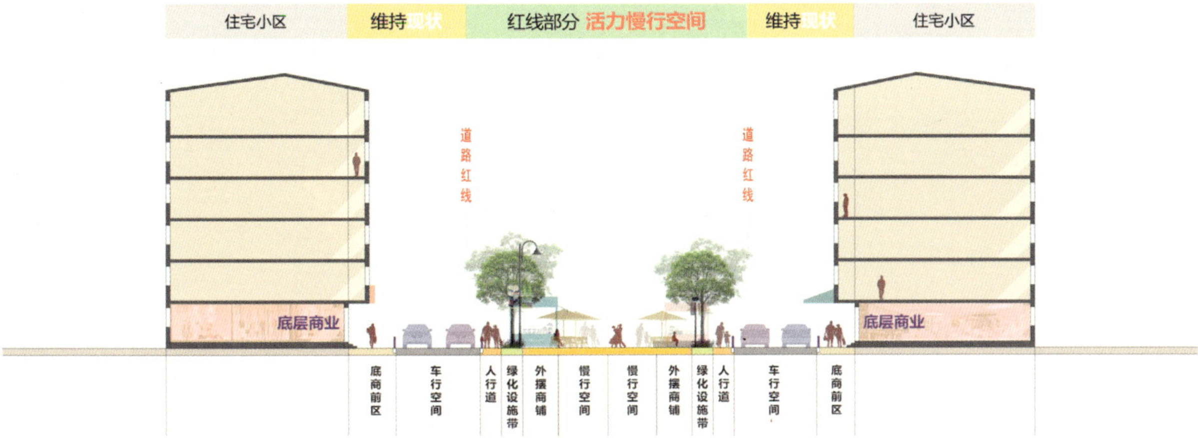

现状空间条件

改造效果示意